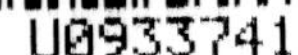

职业技能培训教材

砌筑工技能

主　编　周序洋
副主编　徐　德

机械工业出版社

为贯彻落实人力资源和社会保障部《关于进一步做好职业培训工作的意见》中提出的“5+1”计划，提高下岗、转岗、再就业人员以及农村劳动者的技能水平，使他们更好地实现就业和再就业，我们组织开发了这套“职业技能短期培训教材”。

本书主要内容包括砌筑工基本操作技能的训练、基本工具设备的使用、基本施工工艺的掌握，通过本书的学习和实际工种的技能训练，能够使农村转移的劳动力成为懂技术、有技能、能上岗、会操作的新型技术工人。本书涵盖了建筑职业道德及房屋构造基本常识，砌筑用材料常识，砌筑用工具及简单的机械设备，砌筑工基本操作技能，砖石基础及砖墙、砌块墙、毛石墙的砌筑，地面砖的铺砌，屋面瓦的挂铺，家用炉灶的砌筑及下水道、化粪池和窨井的砌筑等砌筑工应该掌握的知识要点及技能要求，本书还配有相关砌体砌筑的技能训练。

本书可作为各类农村劳动力转移技能培训班的培训用书，同时也可作为军地两用人才，下岗、转岗、再就业人员上岗取证的短期培训用书，还可作为相关职业读者的自学读物，还可用作高职、中职、技校学生技能训练用书，同时也可用作高校学生掌握相关基本操作技能的参考书。

图书在版编目（CIP）数据

砌筑工技能/周序洋主编．—北京：机械工业出版社，2007.8（2022.8重印）
职业技能培训教材
ISBN 978-7-111-21997-2

Ⅰ.砌…　Ⅱ.周…　Ⅲ.砌筑—技术培训—教材
Ⅳ.TU754.1

中国版本图书馆CIP数据核字（2007）第116627号

机械工业出版社（北京市百万庄大街22号　邮政编码100037）
责任编辑：郎　峰　版式设计：霍永明
封面设计：马精明　责任印制：郜　敏
北京富资园科技发展有限公司印刷
2022年8月第1版第36次印刷
130mm×184mm·9印张·199千字
标准书号：ISBN 978-7-111-21997-2
定价：49.80元

电话服务　　网络服务

客服电话：010-88361066　机　工　官　网：www.cmpbook.com
010-88379833　机　工　官　博：weibo.com/cmp1952
010-68326294　金　书　网：www.golden-book.com
封底无防伪标均为盗版　机工教育服务网：www.cmpedu.com

编写说明

为贯彻落实人力资源和社会保障部《关于进一步做好职业培训工作的意见》中提出的“5+1”计划，提高下岗、转岗、再就业人员以及农村劳动者的技能水平，使他们更好地实现就业和再就业；同时也为了满足职业技术院校学生技能实训的需要，我们组织开发了这套“职业技能培训教材”。

我们首批开发了机械、电工电子、车、建筑、轻工服务等五大类共38种职业技能培训教材。

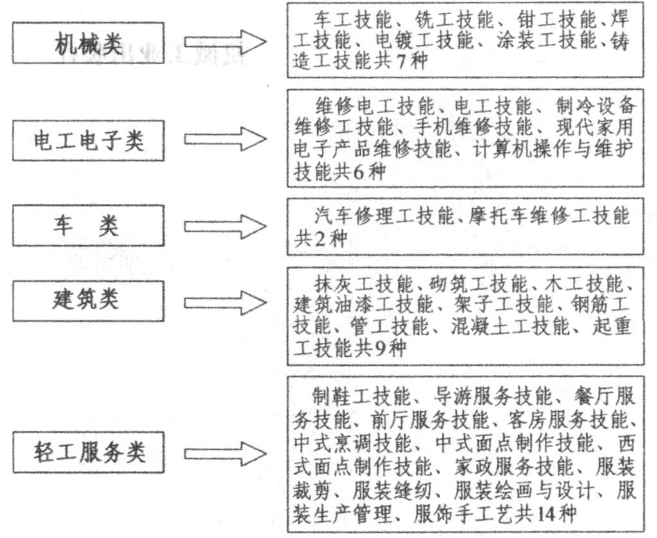

这套丛书以《国家职业标准》的知识要求和技能要求为依据，目的是教会学员最基本的专业知识和操作技能，使之

能顺利通过技能鉴定，上岗就业。书中还有针对性地设计了一定量的技能训练，且操作步骤详尽，真正做到手把手教技能。

本书除了可作为下岗、转岗、再就业人员及农村劳动力转移的技能培训用书外，还可作为高职、中职、技校学生的技能训练用书，同时也不失为具备丰厚的理论知识的高校本科学生希望掌握基本操作技能的参考书。

尽管我们在努力打造一套实用性、针对性强的技能培训用书，但由于水平有限，难免会存在这样或那样的问题，恳请广大读者批评指正。

机械工业出版社真诚希望我们这套丛书能帮您“学到真正的技能，早日实现您的就业梦想”。

机械工业出版社

前　言

当前，在国务院构建社会主义和谐社会和建设社会主义新农村的方针指导下，国家劳动和社会保障部在“十一五”规划中提出实施农村劳动力技能就业计划，积极开展农村劳动力转移培训，提高转移就业效果，以提升进城务工农村劳动者的就业能力。据此，我们编写了“农村劳动力转移技能培训用书——砌筑工技能”。

建筑产业作为我国国民经济的支柱产业，正随着我国社会主义现代化的进程而迅速发展。劳动密集、资金密集和技术密集是建筑业区别于其他现代化工业的最大特点。在农村劳动力向城市转移的过程中，掌握一定建筑技能的农村劳动者不仅可以提高就业能力，也为建筑产业的发展提供充分的后备力量，同时也是提高建筑产品质量和劳动生产效益的根本途径。

砌筑工（瓦工）是建筑行业土建施工中最重要的职业之一。建筑物从基础、砌体（柱）到屋面盖瓦，各个砌筑环节都离不开砌筑工的具体操作和实施。掌握本职业相关的基本常识和熟练的操作技术，是对砌筑工人的基本要求。

本书共分12个课题，包括职业道德及房屋构造基本常识，砌筑用材料常识，砌筑用工具和简单机械设备，砌筑工的基本操作技能，砖石基础的砌筑，砖墙的砌筑，砌块墙的砌筑，毛石墙的砌筑，地面砖的铺砌，家用炉灶的砌筑，屋面瓦的挂铺和下水道、化粪池及窨井的砌筑等内容。本书符合现行的规范、标准、新工艺、新技术推广的要求，突出了实用性，重在教会具有初中文化知识的农村劳动者掌握应知、应会的知识和技能，以满足农村劳动力转移砌筑工（瓦工）技能的培训要求。

本书由江苏城市职业学院建筑工程系高级工程师周序洋主编；徐德副主编；其他参编人员有周文波、洪静、石剑虹。由江苏城市职业学院高级讲师王耀礼主审。

本书在编写过程中，得到了江苏城市职业学院领导和老师们的大力支持和帮助，在此表示感谢。限于作者的水平，加之时间仓促，书中难免有不妥和错误之处，诚恳地欢迎读者朋友批评指正，不胜感谢。

编　者

目　　录

课题一

职业道德及房屋构造基本常识

第一节 职业道德和职业守则

为了贯彻执行《公民道德建设实施纲要》，培养劳动者基本道德规范，增强劳动者职业道德素质，将职业道德培训和考核纳入到职业技能鉴定工作中。因此加强砌筑工人的职业技术培训和职业道德教育，对提高砌筑工的素质，加快建筑工程进度，保证建筑工程质量和安全生产，提高建筑企业的经济效益具有非常重要的现实意义。

一、建筑行业职业道德

建筑行业职业道德是建筑系统工作人员在生产、施工实践中所应遵循的基本行为规范，是建筑工人、工程设计人员及指挥人员的行为准则。建筑行业是社会主义现代化建设中的一个十分重要的行业。工厂、住宅、学校、商店、医院、体育场馆、文化娱乐设施等的建设，都离不开建筑行为。它以满足人民群众日益增长的物质文化生活需要为出发点。建筑行业道德是社会主义职业道德之一，是社会主义道德在建筑行业的具体体现。其道德要求的主要内容是：

1）热爱社会主义祖国、热爱人民，树立全心全意为人民服务的思想。一切建筑工程的设计、施工，都必须从广大人民群众的根本利益出发，既要立足于发展生产、美化环境，改善人民生活，又不能脱离国情。

2）严格按照精心设计的图样和设计要求科学组织施工，确保工程质量。“百年大计，质量第一”，一切都要向人民负责，向用户负责。施工中在原材料使用和设备安装上，不以次充好，不偷工减料。

3）热爱劳动，不怕吃苦，注意节约，不浪费原材料，以主人翁的态度做好自己负责的工作。

4）严格遵守劳动纪律，维护生产秩序，做到文明施工，安全施工，保持施工场地的整洁。

5）廉洁奉公，遵纪守法，忠诚老实，讲究信誉。在工作中不以权谋私，不行贿受贿索贿。正确处理个人利益、集体利益与国家利益的关系。

6）工程技术人员和工人，以及工人之间要团结友爱，互相学习，取长补短。

7）努力学习科学文化知识，刻苦钻研生产和施工技术，不断提高业务能力，讲究工作效率。

二、建筑行业职业准则

1）牢固树立全心全意为人民服务、为社会主义现代建设服务的道德观念，献身建筑事业，认真履行行业职责，工程建设做到优质、守信、用户满意。

2）坚持百年大计，质量第一，精心设计，精心施工，不合格的工程不交工。

3）主动回访保修、坚持产后服务，所有竣工工程都要严格按照保修条例规定回访，保修不推诿不扯皮。

4）信守合同维护企业信誉，严格按合同要求组织设计和施工，不拖期，不甩顶，不留尾巴，做到工完场清。

5）文明施工安全生产，做到材料堆放整齐，道路通畅，防护措施完备，临街设备符合市容要求，珍惜一砖一木，不浪费原材料，现场设置施工标牌，接受群众监督。

6）施工不扰民，不乱排污水，不乱倒垃圾脏土，不乱扔废弃物，夜间施工严格控制噪声，道路及管沟开挖尽量不影响交通。

三、工人职业道德

工人职业道德是工人从事具体职业生活所应遵循的道德规范，是社会道德在工人职业上的体现，是社会主义职业道德之一。工人职业道德的基本内容是：热爱祖国、热爱社会主义、热爱共产党、热爱集体事业、热爱本职工作；努力学习科学文化知识，不断提高技术和业务水平；积极做好本职工作；充分发挥主动性、积极性和创造性，热爱劳动、各尽所能，遵守劳动纪律；维护生产秩序，服从生产指挥，爱护生产设备，坚持文明生产；关心集体，关心同志，尊师爱徒，团结互爱；积极参加企业民主管理，讲求工作实效，提高产品质量，降低生产成本；顾全大局，勇挑重担。随着现代社会分工的发展和专业化程度的增强，市场竞争日趋激烈，整个社会对从业人员职业观念、职业态度、职业技能、职业纪律和职业作风的要求越来越高。要大力倡导以爱岗敬业、诚实守信、办事公道、服务群众、奉献社会为主要内容的职业道德，鼓励人们在工作中做一个好的建设者。

四、工人职业守则

1）热爱本职工作，忠于职守。

2）遵章守纪，安全生产。

3）尊师爱徒，团结互助。

4）勤俭节约，关心企业。

5）钻研技术，勇于创新。

第二节　建筑安全生产知识

建筑企业属于劳动密集型的施工部门，大多在露天作业，野外施工；施工现场的环境非常复杂，并受环境、气候的影响较大。砌筑工（瓦工）施工以手工操作，高空作业、露天作业较多；劳动现场的条件差，存在着很多不安全的因素。安全施工是保护劳动者和施工机具的重要手段，是施工现代化和管理人性化的重要方法。砌筑工在进入施工现场前，必须对本工种的安全知识和技术措施有一个全面的了解和掌握。

一、施工现场的安全管理规定

（1）指示标志　施工现场要有交通指示标志，危险地区应该悬挂“危险”或者“禁止通行”的明显标志，夜间应该设红灯示警。

（2）防护设施　在施工现场周围和悬崖、陡坎处，应该用篱笆、木板或者铁丝等围设栅栏或者安全网。

（3）高压电线的架设　施工现场内一般不允许架设高压电线，必要的时候，应该按照当地电力部门的规定，使高压线和它所经过的建筑物和工作地点保持安全距离，并适当加大安全系数，或者在高压电线的下方增设电线保护网。

（4）拆除和改造工程施工　施工前应对建筑物的现状进行详细的调查，制定安全措施，防止坍塌、触电、溺水、坠落和物体打击。

（5）交通运输　施工现场的交通运输道路，应该常保持畅通；运输繁杂的交叉路口，应设临时指挥；火车道口两侧，应设防护栏杆；行驶斗车、小平车的坡道，坡度不能大于3%。

二、高处作业的安全管理规定

(1) 作业高度划分　高度在2~5m时，为一级高处作业；高度在5~15m时，为二级高处作业；高度在15~30m时，为三级高处作业；高度在30m以上时，为特级高处作业。

(2) 高处作业的人员要求　施工操作人员必须定期检查身体，患有严重的心脏病、高血压、贫血症以及其他不适于高处作业的人员，不得从事高处作业。

(3) 安全作业要求　施工单位遇有六级以上强风时，禁止露天高处作业。高处作业时，应系好安全带，所用的工具应随手装入工具袋。高处作业人员与送电线路的最小距离按有关规定执行。

(4) 上下两层同时作业要求　在建筑安装过程中，如果上下两层同时进行工作，必须设有专用的防护棚或者其他隔离设施，并戴安全帽，否则不允许在同一垂直线的下方工作。

(5) 脚手架的使用　搭设脚手架使用的木、竹、金属管材必须坚固，禁止使用腐朽易折材料，脚手架必须绑扎牢固，不准超负荷使用。立杆和横杆的大小、间隔，根据有关规定和施工要求确定。脚手板之间不能有空隙和探头板，并应有防滑措施。

三、建筑工棚防火措施

(1) 分组布置　工棚应当分组布置，每组最多不超过12幢，组与组之间的防火间距，在城市中不小于10m，在农村中不小于15m。幢与幢的防火间距，在城市中不小于5m，在乡村中不小于7m。

(2) 防火距离　工棚与厨房、锅炉房、变电室和汽车库之间的防火距离不小于15m；工棚不要建在高压架空线的下面，并与高压架空线的水平距离最少不小于2m；工棚距铁路的中心线、火灾危险性大的场所以及小量的易燃物品贮藏室至少不小于30m。

(3) 内部管理　工棚内应按规定严格控制、管理火源；安装和使用电气设备的工棚要严格执行有关规定。

四、施工现场的安全教育

(1) 施工安全员　向工人宣讲安全施工教育的内容。

(2) 施工队长　对工人进行现场安全教育。

(3) 施工班组长　对本工种的工人进行操作项目的安全教育。

五、砌筑工操作的安全纪律

1) 热爱本职工作，努力学习，提高政治、文化、业务水平和操作技能，积极参加安全生产的各项活动，提出改进意见，搞好安全生产。

2) 遵守劳动纪律，服从领导和安全检查人员的指挥；工作时思想集中，坚守岗位，未经允许不得从事非本工种的工作；严禁酒后作业；不准在禁止燃放烟火处吸烟或点火；不得向下投掷物料；不得攀登脚手架、井子架、龙门架和乘坐吊篮上下。

3) 严格执行操作规范，不违章指挥和违章作业；对违章作业的指令有权拒绝，并有责任制止他人违章作业。

4) 正确穿戴防护用品，按规定使用安全“三宝”(安全帽、安全带、安全网)，进入施工现场，必须戴好安全帽；在没有防护设施的高处、悬崖和陡坡施工时，必须系好安全带；高处作业不得穿硬底或带钉易滑鞋。

5) 对各种防护装置、防护设施和警告等安全标志，不得任意拆除和随意挪动。

第三节　房屋建筑基本知识

房屋是由多种部件（也称构件和配件）组成的，这些部件又都是由不同的建筑材料制成的。不同部件和不同的建筑材料组成不同类别的建筑构造的房屋。

一、房屋建筑的分类

1. 房屋建筑按用途分类

（1）工业建筑　供人们从事生产活动的场所。如机械厂、炼钢厂、造船厂、发电厂、电子元件生产厂等，以及这些厂房附属的仓库、变电室、锅炉房等。

（2）民用建筑　供人们居住、生活、学习和文化娱乐的场所。它又分为居住建筑（如住宅、旅馆、公寓等）和公共建筑（如办公楼、学校、医院、商场、影剧院、车站等）两类。还有专为体育训练、锻炼和比赛而修建的房屋设施，如体育馆、体育场、游泳馆、球场、训练场等也属于公共建筑。

（3）农业生产建筑　人们从事农业生产而修造的房屋，如粮仓、禽畜饲养场等。

（4）科学实验建筑　为科学技术的发展和科学实验而建造的房屋，如高能物理研究实验楼、原子试验小型反应堆、电子计算中心等。

2. 房屋建筑按结构承重形式分类

（1）混合承重结构　屋盖荷载、楼盖荷载和墙身的自重都是由墙体、梁、柱等来承受，并传至基础到地基，如砖混结构房屋。

（2）排架结构　屋架支承在柱上，中间由各种支撑形成铰接的空间结构，如单层工业厂房。

（3）框架结构　由混凝土的柱基础、柱、梁、板和屋盖结构组成的结构形式，如多层工业厂房、多层公共建筑等。

（4）剪力墙、筒体结构　随着高层建筑的出现而发展起来的结构形式。主要有框架剪力墙结构、剪力墙结构、框支剪力墙结构和筒体结构。

3. 房屋建筑按结构承重材料分类

（1）木结构房屋　主要是用木材来承受房屋的荷重，用砖石作为围护的建筑，如古建筑、旧式民居，目前已很少修建这样的房屋。

（2）砌体结构房屋　主要是指以砖、石、砌体为房屋的承重结构，其中，楼板可以用钢筋混凝土楼板或木楼板，屋盖使用钢筋混凝土屋架及屋面板或者木屋架及斜屋面盖瓦。

（3）混凝土结构房屋　其主要的承重结构，如柱、梁、板、屋架都是采用混凝土制成。目前，建筑工程中广泛采用这种结构形式。

（4）钢结构房屋　主要骨架采用钢材（主要是型钢）制成，如钢柱、钢梁、钢屋架等，一般用于高大的工业厂房及超高层建筑。

二、房屋建筑的等级

1. 按结构设计使用年限分类

结构按设计使用年限分类，见表1-1。

表1-1　结构设计使用年限

类别	设计使用年限/年	示　例
1	5	临时性结构
2	25	易于替换的结构构件
3	50	普通房屋和构筑物
4	100	纪念性建筑和特别重要的建筑结构

2. 建筑结构的安全等级

建筑结构设计时，根据结构破坏可能产生的后果（危及人的生命、造成经济损失、产生社会影响等）的严重性，采用不同的安全等级。建筑结构安全等级划分见表1-2。

表1-2　建筑结构的安全等级

安全等级	破坏后果	建筑物类型
一级	很严重	重要的房屋
二级	严重	一般的房屋
三级	不严重	次要的房屋

注：1. 对特殊的建筑物，其安全等级应根据具体情况另行确定。

2. 地基基础设计安全等级及按抗震要求设计时建筑结构的安全等级，尚应符合国家现行有关规范的规定。

3. 建筑物的耐火等级

建筑物的耐火等级分为一、二、三、四四级。

三、民用建筑的构造知识

民用建筑一般由以下部件组成。

地基与基础：在建筑物中，承受建筑物的全部荷载，并与土层直接接触的部分叫基础，支承基础的部分叫地基。

墙和柱：房屋的承重和围护构件。

楼板：房屋的水平承重构件。

楼梯：上下楼层的通道。

屋盖：房屋顶部的承重和围护构件，可防止日晒雨淋。

门窗：作为进出通道的部件为门，供通风采光的部件为窗。

其他：除此以外的其他部件，如阳台、雨篷、台阶等。

民用建筑的组成如图1-1所示。

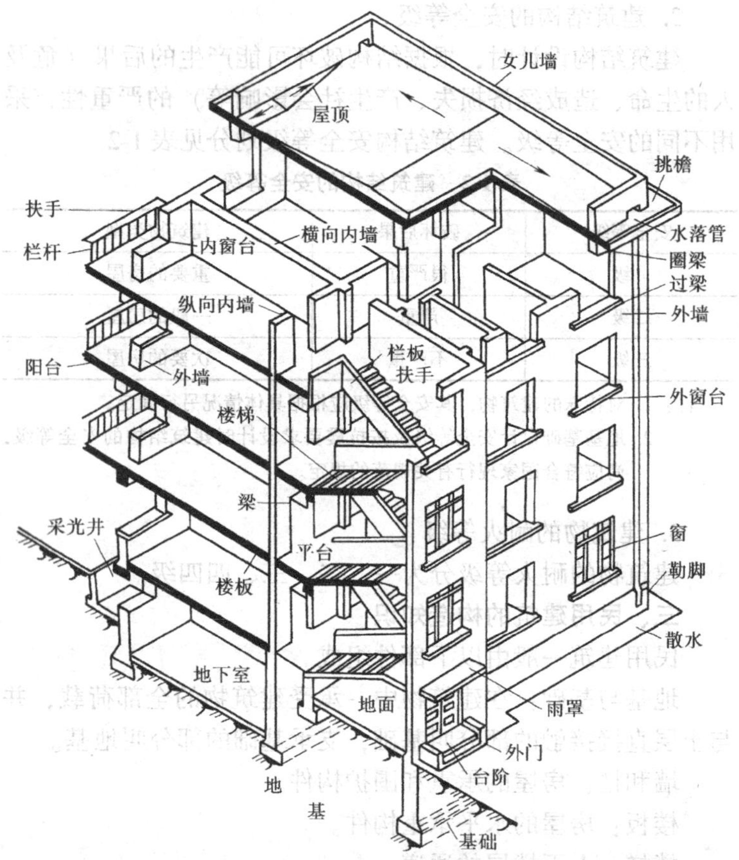

图 1-1　民用建筑的组成

1. 地基

基础下面承受建筑物全部荷载的土层称为地基，地基每平方米能够承受基础传递下来的荷载能力叫地基承载力。地基又分为天然地基和人工地基。

（1）天然地基　不经人工处理能直接承受房屋荷载的地基。

（2）人工地基　由于土层较软弱或较复杂，必须经过人工处理，使其提高承载能力，才能承受房屋荷载的地基。

2. 基础

传递房屋上部荷载到地基的中间构件。房屋的荷载和结构形式不同，其基础也不同，按构造形式一般分为：

（1）条形基础　一般由砾石或混凝土材料做成，适用于砖墙承重的住宅、办公楼等多层建筑。条形基础由垫层、大放脚和基础墙组成，如图1-2所示。

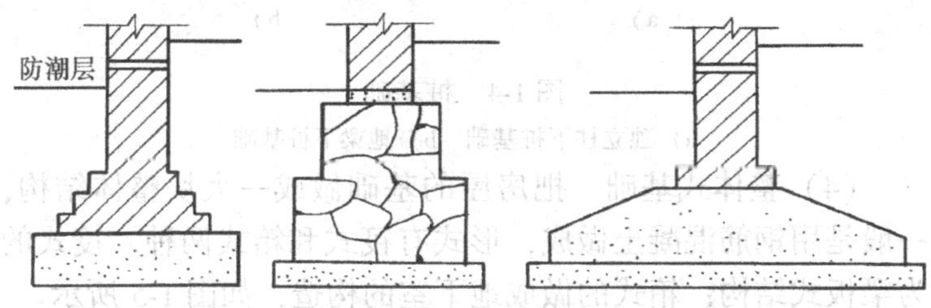

图1-2　条形基础

（2）独立基础　一般采用钢筋混凝土制成，适用于做柱下基础，如图1-3所示。

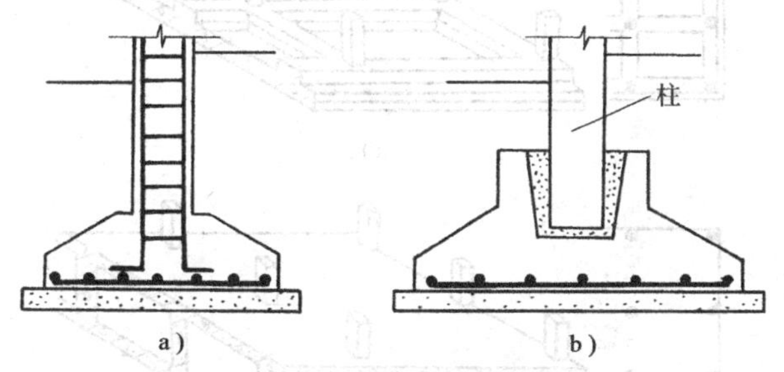

图1-3　独立基础

a）现浇柱下独立基础　b）预制柱下杯形基础

（3）桩基础　当建筑物上部荷载很大、地基软弱土层又较厚时采用的基础形式。它由桩身和承台两部分组成，如图1-4所示。

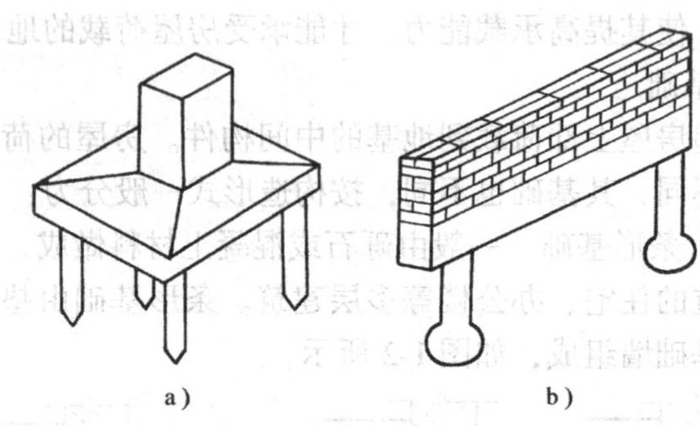

a）　　b）

图 1-4　桩基础

a）独立柱下桩基础　b）地梁下桩基础

（4）整体式基础　把房屋的基础做成一大块整体结构，一般是用钢筋混凝土做成，形式有筏式和箱式两种。筏式的为梁板式结构；箱式的做成地下室的构造，如图 1-5 所示。

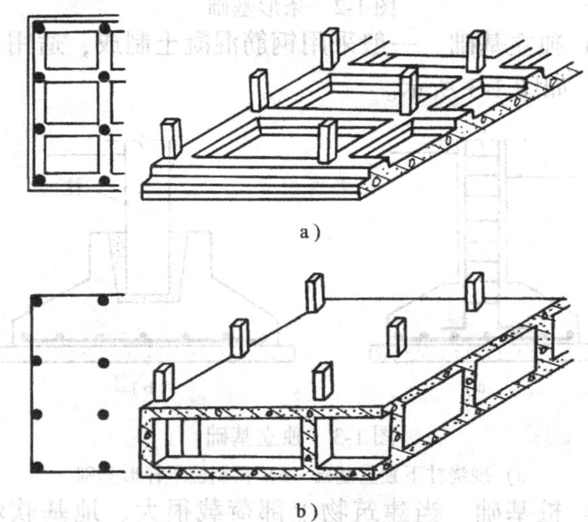

a）

b）

图 1-5　整体式基础

a）筏式基础　b）箱式基础

3. 墙体

(1) 墙体的类型（见图1-6）

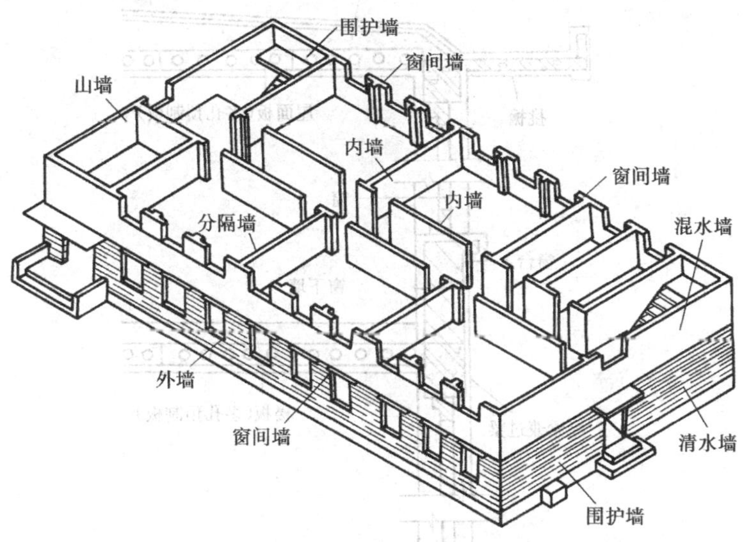

图1-6　墙的种类

1）按墙体在平面上所处的位置不同，可分为内墙和外墙。外墙是指房屋四周与室外接触的墙（见图1-7），位于室内的墙叫内墙。

2）按照墙是否承受外力的情况分为承重墙和非承重墙。承受上部传来的荷载的墙是承重墙，只承受自重的墙是非承重墙。

3）根据使用的材料不同，可分为砖墙、石墙、混凝土板墙、砌块墙和轻质材料隔断墙等。

(2) 墙体的作用

1）受力作用：主要承受房屋从屋顶、楼层传来的自重、人和设备的可变荷载以及风、雪、地震冲击等特殊荷载。

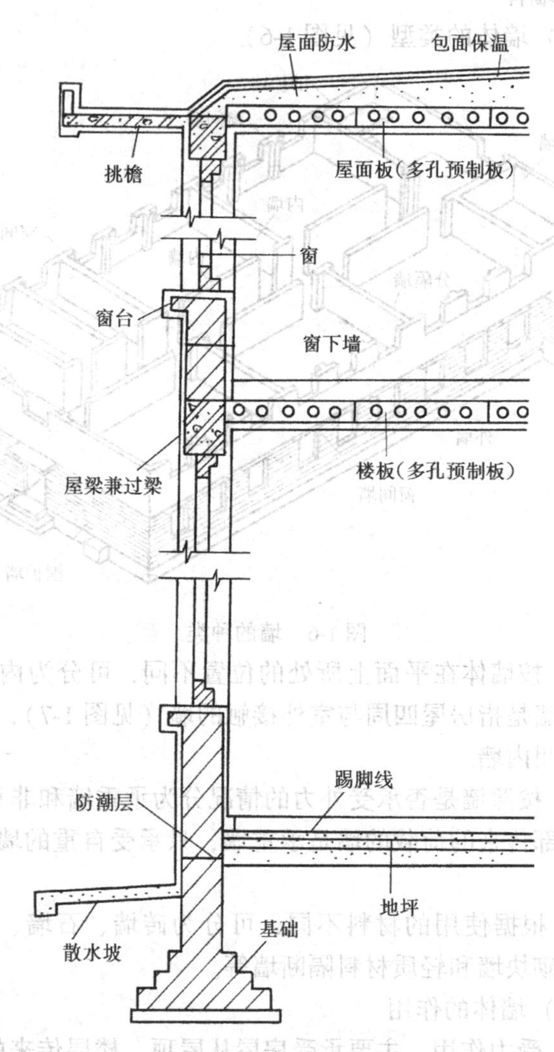

图 1-7　外墙的构造

2）围护作用：外墙具有遮风挡雨、隔热御寒、阻隔噪声的作用。

3）分隔空间的作用：内墙可将建筑物按不同用途一一分隔开来。此外，内墙还具有隔声和防火等作用。

（3）墙面的装饰装修构造

1）墙面的装修不仅可以保护墙体不被侵蚀，改善墙体的物理性能，还可以使房屋更美观。

2）墙面装修分为室外装修和室内装修。

3）墙面装修时要分层组合，一般分面层、中层和底层，如图1-8所示。

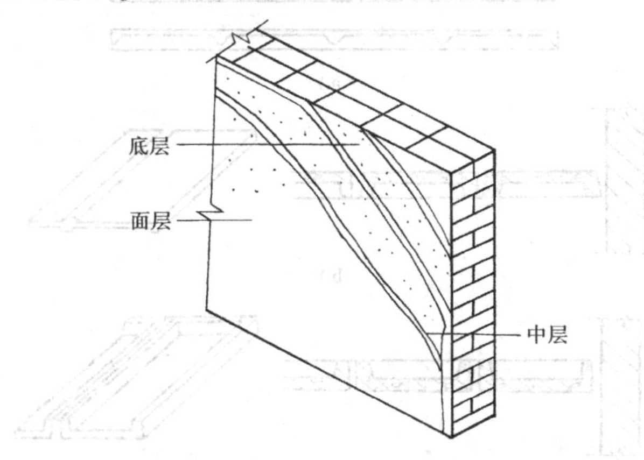

图1-8　墙面装修分层构造

4. 楼板和地面

（1）楼板的作用和类型　楼板的作用是承受楼板自重，房屋内部的设施和人们活动产生的荷载；对墙体起水平支撑作用和上下层的分隔作用和隔声作用。楼板分为木楼板和钢筋混凝土楼板，后者又分为现浇钢筋混凝土楼板和预制钢筋混凝土楼板。预制钢筋混凝土楼板可分为预制实心楼板、槽形板、空心板等，如图1-9～图1-11所示。

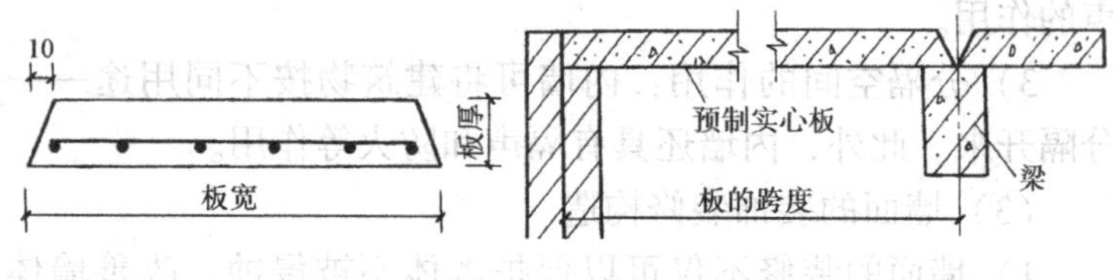

图1-9　预制实心板

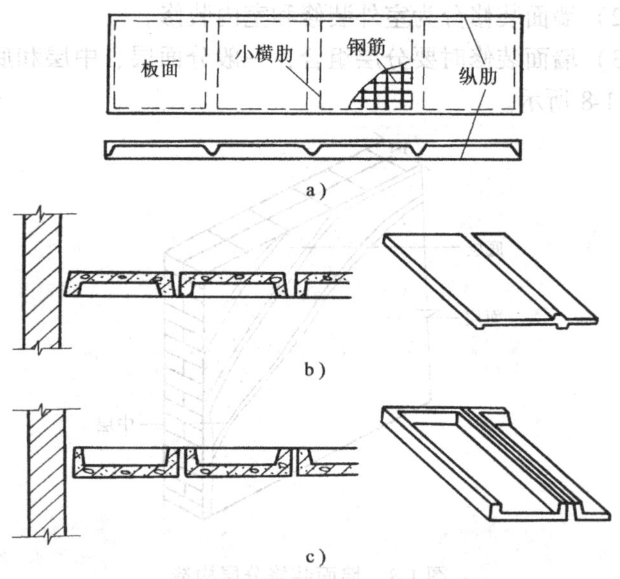

图1-10　槽形板

（2）地面　将室内土层进行压实，使之达到设计密实度的要求，然后在上面做成不同的面层叫地面。地面根据使用的不同要求有不同的作法，常见的有：水泥地面，水磨石地面、地砖地面、大理石地面、木地面、耐磨地面、耐火地面、塑料地面等。

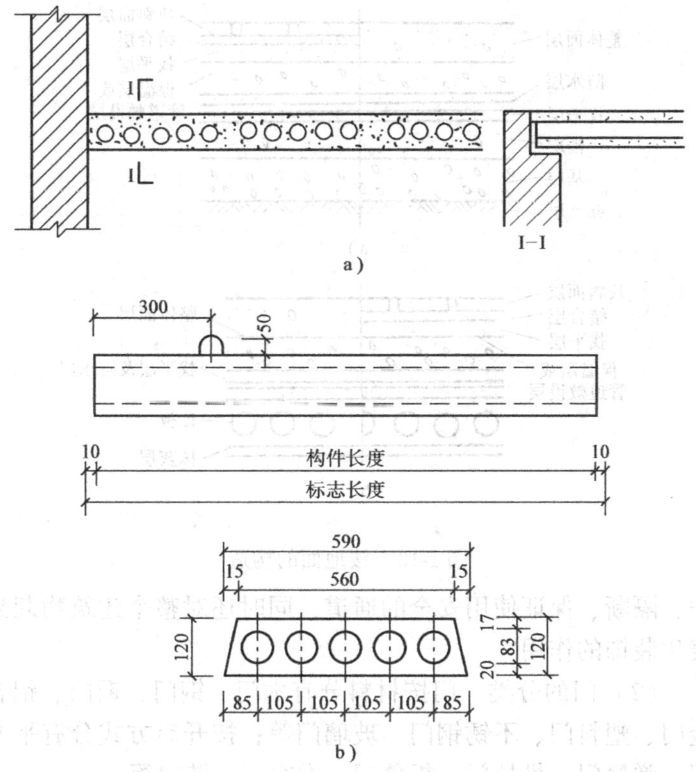

图 1-11　空心板

（3）楼面和地面的层次构造　一般分为面层、中间层和基层。中间层包括垫层、找平层、粘接层等。图 1-12a 为水泥砂浆地面的分层构造示意图（另一半表示了块料面层的构造），图 1-12b 为水泥砂浆预制空心板楼面的分层构造示意图。

5. 门窗

（1）门的作用　门是通行与安全疏散的出入口，也是围

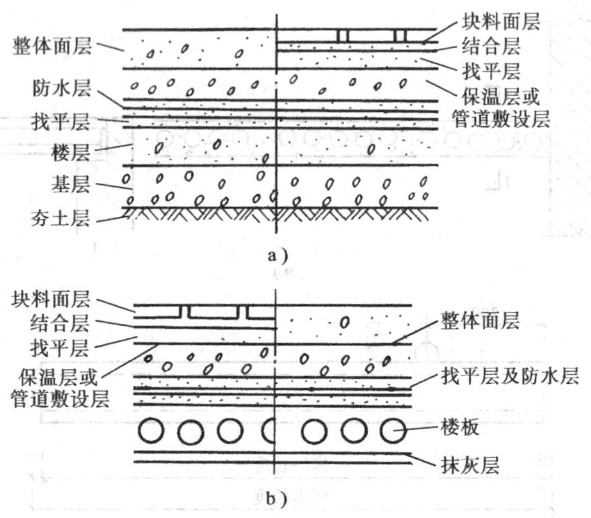

图 1-12　楼地面的构造

护、隔断、保证使用安全的通道，同时还对整个建筑物起到美化装饰的作用。

（2）门的分类　门按材料分有木门、钢门、铜门、铝合金门、塑料门、不锈钢门、玻璃门等；按开启方式分有平开门、弹簧门、推拉门、折叠门、卷帘门、转门等。

（3）门的组成　门是由门框、门扇、框扇连接的合页、门锁、拉手、插销及装饰压条等组成，如图 1-13 所示。

（4）窗的作用　窗有采光、通风和围护作用。按材料分有木窗、钢窗（限制使用）、铝合金窗、塑料窗、铝塑窗等。按开启方式分有平开窗、固定窗、转窗和推拉窗等。

（5）窗的构造　窗由窗框、窗扇、合页及插销、拉手等组成，如图 1-14 所示。

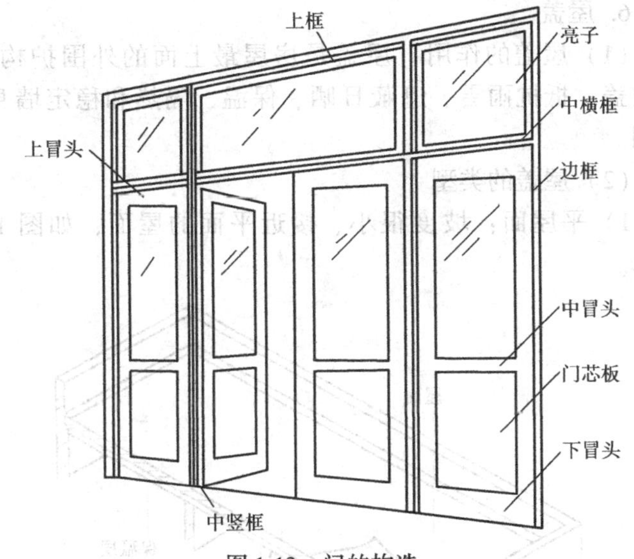

图 1-13　门的构造

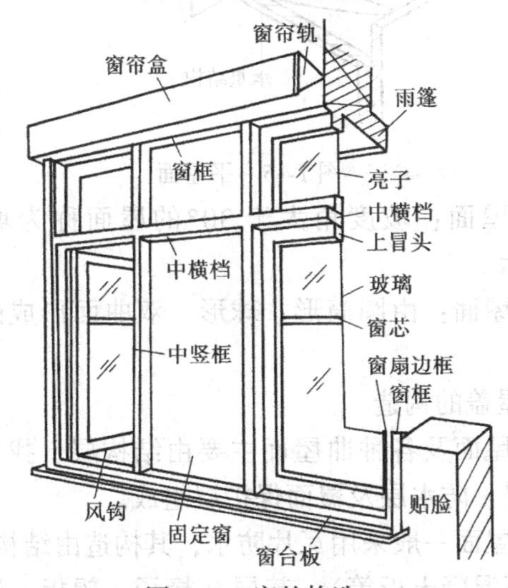

图 1-14　窗的构造

6. 屋盖

(1) 屋盖的作用　屋盖是房屋最上面的外围护构件，起被盖、抵抗雨雪、遮蔽日晒、保温、隔热和稳定墙身的作用。

(2) 屋盖的类型

1) 平屋面：坡度很小、接近平面的屋面，如图1-15所示。

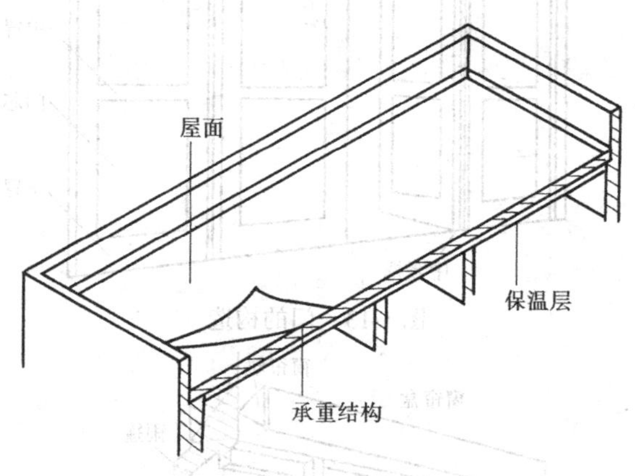

图1-15　平屋面

2) 坡屋面：坡度角大于30°的屋面称为坡屋面，如图1-16所示。

3) 曲屋面：由圆筒形、球形、双曲面形成的屋面统称为曲屋面。

(3) 屋盖的构造

1) 平屋面及各种曲屋面主要由结构层、找平层、隔气层、保温层、防水层及覆面保护层组成。

2) 坡屋面一般采用瓦片防水，其构造由结构层（屋架、檩条、钢筋混凝土板等）、基层（椽子、望板、油毡及其他

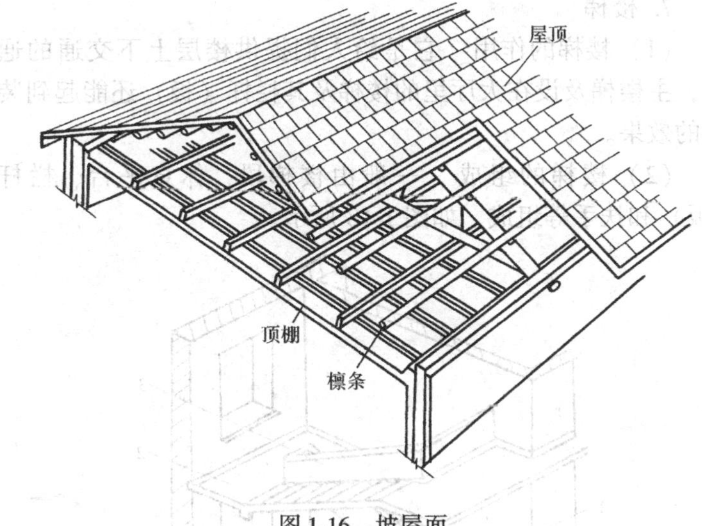

图 1-16　坡屋面

新型防水卷材、挂瓦条等）、防水层（瓦片）组成。图 1-17 所示为传统作法的机制平瓦屋面的构造。

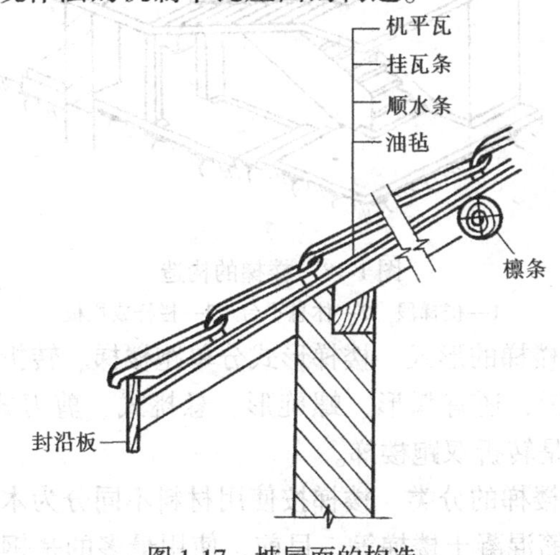

图 1-17　坡屋面的构造

7. 楼梯

(1) 楼梯的作用　它是给人们提供楼层上下交通的通道，主楼梯及设在大厅里的楼梯及其栏杆（板）还能起到装饰的效果。

(2) 楼梯的组成　一般由楼梯段、休息平台、栏杆（板）和扶手等组成，如图1-18所示。

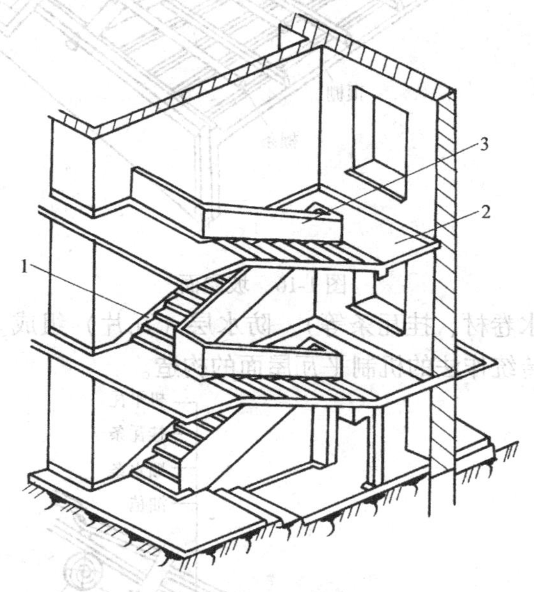

图1-18　楼梯的构造

1—楼梯段　2—休息平台　3—栏杆或栏板

(3) 楼梯的形式　楼梯形式分单跑楼梯、转折双跑和转折三跑楼梯，还有弧形、螺旋形、悬挑式、剪刀式等多种，最常用的是转折双跑楼梯。

(4) 楼梯的分类　楼梯按使用材料不同分为木楼梯、钢楼梯、钢筋混凝土楼梯等。目前，使用最多的是钢筋混凝土楼梯。

8. 阳台、雨篷、台阶

(1) 阳台　是房屋楼层处于室外的部分，可分为挑出阳台和凹进阳台两种。目前一般都是用钢筋混凝土制成，如图1-19所示。

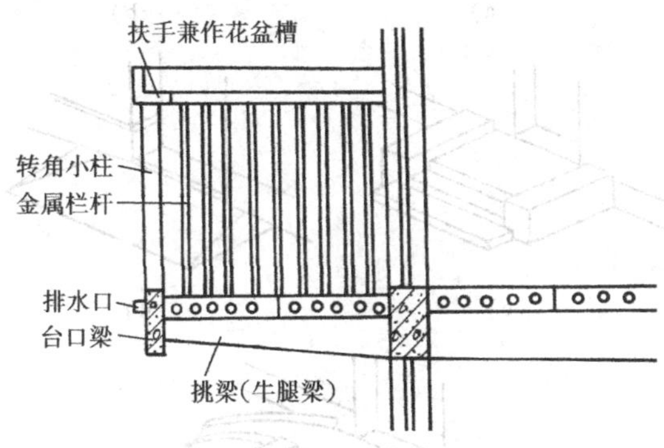

图1-19　阳台

(2) 雨篷　是建筑物入口处遮挡雨雪、保护外门免受雨淋的物件，大多是悬挑式，一般不上人。

(3) 台阶　是房屋室内和室外地面联系的过渡，台阶根据室内外高差有若干踏步，便于行走。图1-20a ~ e所示为各种不同形式的台阶。

四、单层工业厂房的构造

单层工业厂房是工业建筑中最常见的厂房形式。它和民用建筑及多层工业厂房不同，一般由组成排架的承重骨架和围护结构两部分组成。

1. 单层厂房的承重结构

单层厂房的承重结构是由横向排架和纵向的支撑及连系构件组成的。如图1-21所示，屋架及柱子与基础组成横向

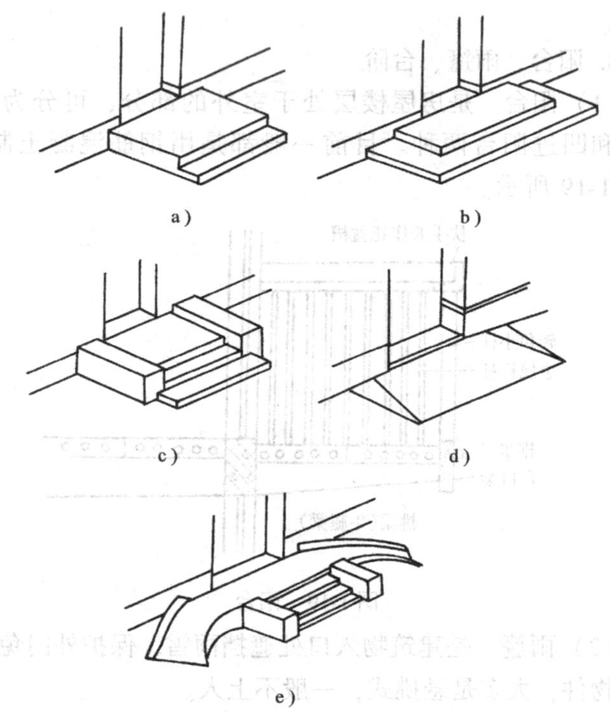

图 1-20　台阶的形式

a）单面踏步　b）三面踏步　c）单面踏步带方形石

d）坡道　e）坡道与踏步

排架，以承受屋盖、吊车梁、外墙传递来的荷载，并传递到地基。而屋面板、吊车梁、连系梁及支撑系统与每榀排架相连接，保证排架结构的空间刚度和整体稳定性。这些构件组成了单层工业厂房的骨架。

2. 单层厂房的围护结构

如图 1-21 所示，围护构件一般由外墙、抗风柱、墙梁、圈梁和基础梁组成，围护结构主要承受风荷载和自重，并将这些荷载传给柱子，再到基础。其主要部件分为：

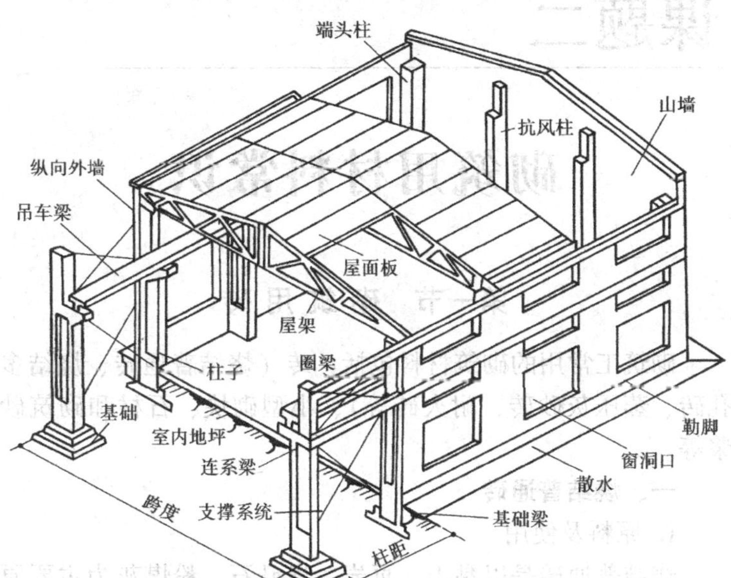

图 1-21 装配式钢筋混凝土横向排架结构单层厂房构造

（1）外围墙（板） 最常见是砖墙，砌在柱的外侧，与柱子、屋架端头用钢筋拉结形成整体。也有采用预制构件或其他轻质板材做围护构件的。

（2）基础梁 是架在柱基础上，承受外墙重量的构件。

（3）墙梁 为了加强墙体的整体性，在厂房的窗上口、吊车梁边、屋架端头、柱顶处设置墙梁（连系梁）或圈梁，与骨架连接，使墙体的稳定性和抗风能力得到加强。

课题二

砌筑用材料常识

第一节 砌 筑 用 砖

砌筑工常用的砌筑材料包括：砖（烧结普通砖、烧结多孔砖、蒸压灰砂砖、耐火砖等）、小型砌块、石材和砌筑砂浆等。

一、烧结普通砖

1. 原料及使用

烧结普通砖是以黏土、页岩、煤矸石、粉煤灰为主要原料经焙烧而成的。黏土砖广泛地应用于承重墙体，同时也用于非承重的填充墙。

2. 规格和尺寸

普通烧结实心砖的外形为直角六面体，其规格尺寸为：长 240mm，宽 115mm，高 53mm，简称为标准砖；砌筑时，当砌体灰缝厚度为 10mm 时，组砌成的墙体即符合 4 块砖长等于 8 块砖宽，等于 16 块砖厚，等于 1m 长的模数规律。这样砌筑 $1m^3$ 的墙砌体大约需要 512 块砖；由于砍砖的损耗，实际砌筑时的用砖量要多。砖的重量，干燥时每块约为 2. 5kg，吸水后每块约为 3. 0kg。标准砖各个面的名称是最大的面叫大面，长的一面叫条面，短的一面叫顶面（或者叫丁面），当砌体条面朝外的称顺砖，顶面朝外的称丁砖，如

图 2-1 所示。

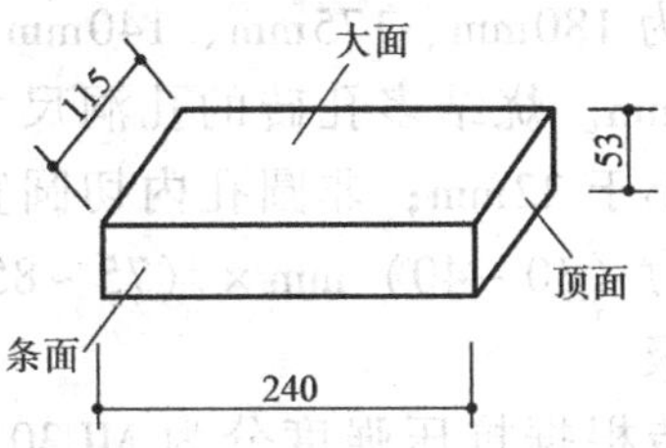

图 2-1　标准砖的各个面

3. 强度等级

普通烧结实心砖按力学性能分为 MU30、MU25、MU20、MU15 和 MU10 五个强度等级。

二、烧结多孔砖

1. 原料及使用

为了节约土地资源，减少侵占耕地，减轻墙体自重以及使墙达到更好的保温、隔热、隔声等效果，目前，在房屋建筑中大量推广采用空心砖和多孔砖。烧结多孔砖是以黏土、页岩、煤矸石、粉煤灰为主要原料，经焙烧而成的多孔砖，如图 2-2 所示。

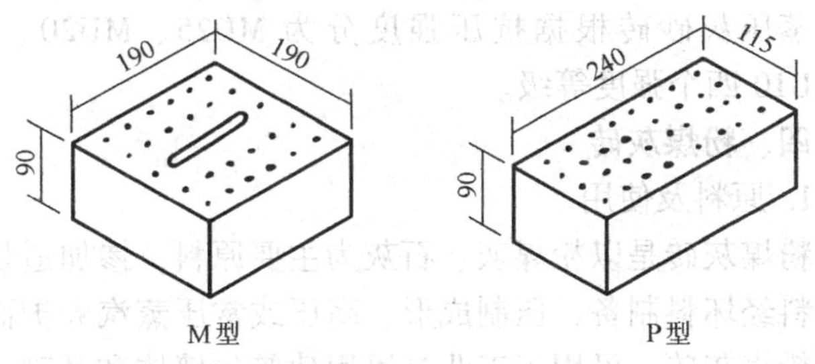

图 2-2　烧结多孔砖

2. 规格和尺寸

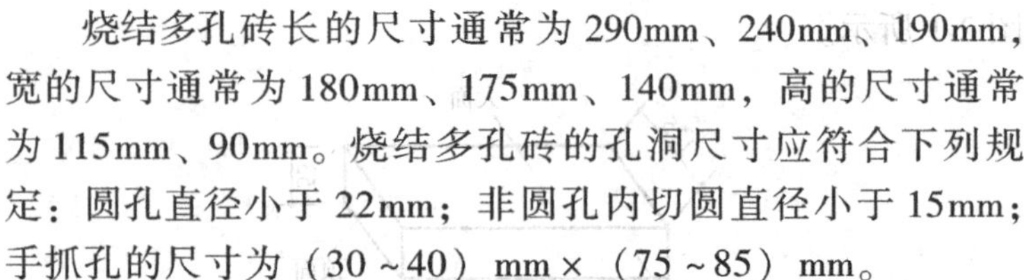

烧结多孔砖长的尺寸通常为290mm、240mm、190mm，宽的尺寸通常为180mm、175mm、140mm，高的尺寸通常为115mm、90mm。烧结多孔砖的孔洞尺寸应符合下列规定：圆孔直径小于22mm；非圆孔内切圆直径小于15mm；手抓孔的尺寸为（30~40）mm×（75~85）mm。

3. 强度等级

烧结多孔砖根据抗压强度分为MU30、MU25、MU20、MU15和MU10五个强度等级。

三、蒸压灰砂砖

1. 原料及使用

蒸压灰砂砖是以石灰和砂为主要原料，经坯料制备、压制成形、蒸压养护而成的实心灰砂砖。蒸压灰砂砖与砂浆的粘接力较差；灰砂砖不得用于长期受热200℃以上、受急冷急热和有酸性介质侵蚀的建筑部位。

2. 规格和尺寸

蒸压灰砂砖的规格尺寸和普通黏土砖相同，为240mm×115mm×53mm。

3. 强度等级

蒸压灰砂砖根据抗压强度分为MU25、MU20、MU15和MU10四个强度等级。

四、粉煤灰砖

1. 原料及使用

粉煤灰砖是以粉煤灰、石灰为主要原料，掺加适量石膏和骨料经坏料制备、压制成形、高压或常压蒸汽养护而成的实心粉煤灰砖。可用于工业与民用建筑的墙体和基础，但用于基础或用于易受冻融和干湿交替作用的建筑部位必须使用一等砖与优等砖，但不得用于长期受热（200℃以上）、受急冷急热和有酸性介质侵蚀的建筑部位。

2. 规格和尺寸

粉煤灰砖的规格尺寸与普通黏土砖相同，为240mm×115mm×53mm。

3. 强度等级

粉煤灰砖按抗压强度分为MU30、MU25、MU20、MU15和MU10五个强度等级。

五、炉渣砖

1. 原料及使用

炉渣砖是以煤燃烧后的残渣为主要原料，加入一定数量的石灰和石膏，加水搅拌后压制成形，经蒸养而成的产品。每立方米重约1650kg。炉渣砖可用于墙体和基础，但用于基础或用于易受冻融和干湿交替的建筑部位必须使用MU15和MU15级以上的砖。炉渣砖不得用于长期受热（200℃以上）、受急冷急热和有酸性介质侵蚀的建筑部位。

2. 规格和尺寸

炉渣砖的规格尺寸与普通黏土砖相同，为240mm×115mm×53mm。

3. 强度等级

粉煤灰砖按抗压强度分为MU20、MU15、MU10和MU7.5四个强度等级。

六、矿渣砖

1. 原料及使用

矿渣砖是以淬火矿渣和石灰为原料，加水搅拌均匀，消解活化，压制成形，经蒸养而为成品。每立方米重为2000～3000kg。

2. 规格和尺寸

矿渣砖的规格尺寸和普通黏土砖相同，为240mm×115mm×53mm。

3. 强度等级

矿渣砖的强度等级分为MU20、MU15和MU10三个强度等级。

七、煤矸石砖

1. 原料及使用

煤矸石砖是以煤矸石为原料，经粉磨后掺入少量黏土，压制成形，风干后送入窑内煅烧而成。每立方米重约1400～1650kg。

2. 规格和尺寸

煤矸石砖的规格尺寸与普通黏土砖相同，为240mm×115mm×53mm。

3. 强度等级

煤矸石砖强度等级分为MU20、MU15和MU10三个强度等级。

八、耐火砖

1. 原料及使用

凡是能经受1580℃以上高温的砖称为耐火砖。它是用耐火黏土掺入熟料（燃烧并经粉碎后的黏土）后进行搅拌，压制成形，干燥后经煅烧而成。还有硅质和高钻质耐火砖。耐火砖主要用于耐高温的建筑部件的内衬，如炉灶、烟道等。耐火砖按其形状和规格分为标准型耐火砖和异形耐火砖两大类。

2. 规格和尺寸

标准耐火砖的规格有250mm×123mm×60mm和230mm×115mm×65mm两种。异型耐火砖按需要现场加工或厂家订做。

3. 分类

耐火砖按其耐火程度可分为普通型（耐火程度1580～1770℃）和高耐火砖（耐火程度为1770～2000℃）两种。按化学性能又可分为酸性、碱性和中性三种。

第二节　砌筑用砌块

砌块是指砌筑用的人造块材，外形多为直角六面体，也有各种异形的。砌块系列中主规格的长度、宽度和高度有一项或者一项以上分别大于365mm、240mm或115mm，但高度不大于长度或宽度的6倍，长度不超过高度的3倍。砌块系列中主规格高度大于115mm，而又小于380mm的砌块，称为小型砌块。砌块可以根据使用的不同，采用多种材料，做成多种规格，下面介绍常用的几种。

一、粉煤灰砌块

1. 原料及规格尺寸

粉煤灰砌块由粉煤灰、石灰、石膏加水混合后，经搅拌振动成形、养护而成。每立方米约重1300～1900kg。常用的规格尺寸有880mm×380mm×240mm和880mm×430mm×240mm等，如图2-3所示。

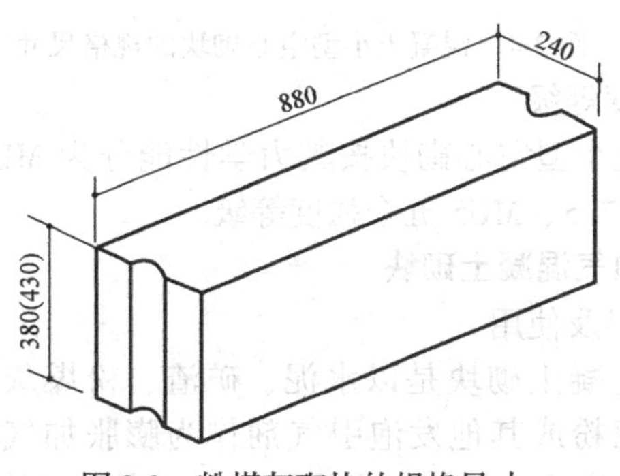

图2-3　粉煤灰砌块的规格尺寸

2. 强度等级

粉煤灰砌块按力学性能分为 MU13 及 MU10 两个强度等级。

二、混凝土小型空心砌块

1. 规格和尺寸

混凝土小型空心砌块是以水泥、砂、石和水经搅拌、成形和养护而成的，有竖向方孔或圆孔。主要的规格尺寸有 390mm×190mm×190mm 等，如图 2-4 所示。辅助砌块的规格尺寸有 290mm×190mm×190mm，190mm×190mm×190mm，90mm×190mm×190mm 等。

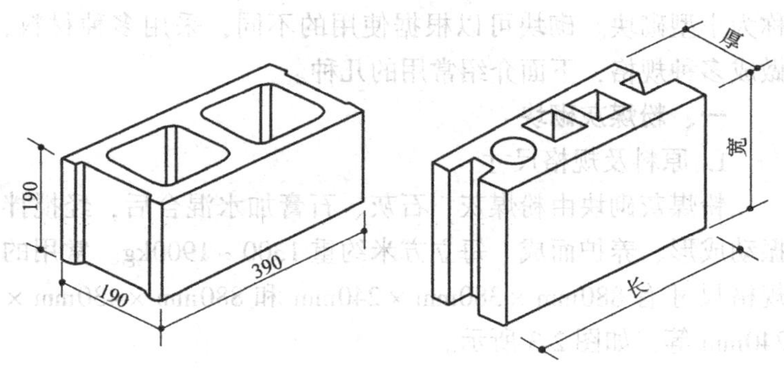

图 2-4　混凝土小型空心砌块的规格尺寸

2. 强度等级

混凝土小型空心砌块按其力学性能分为 MU20、MU15、MU10、MU7.5、MU5 五个强度等级。

三、加气混凝土砌块

1. 原料及使用

加气混凝土砌块是以水泥、矿渣、粉煤灰、砂子为原料，加入铝粉或其他发泡引气剂作为膨胀加气剂，经过磨细、配料、浇注、切割、蒸养硬化等工序做成的一种轻质多孔材料，如图2-5所示。加气混凝土砌块具有保温好、隔声好、可以切割、刨削、锯钻和钉入钉子的性能，常用于砌筑轻质隔墙、混凝土外板墙的内衬，但是不能作为承重墙。加气混凝土砌块吸水率高，一般可以达60%～70%；由于砌块比较疏松，抹灰时表面粘接强度较低，抹灰前要先进行表面处理。

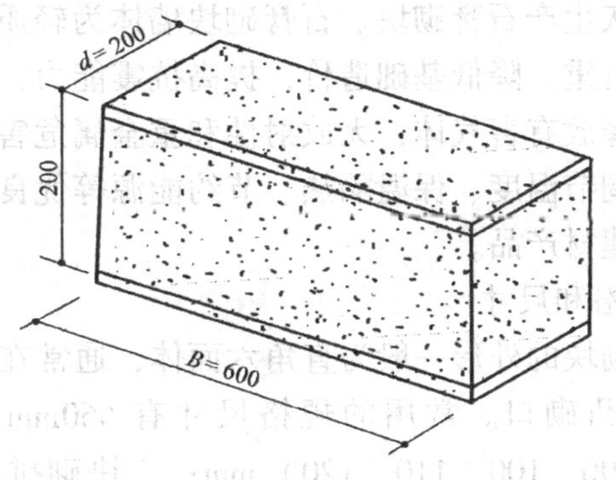

图2-5 加气混凝土砌块

2. 规格和尺寸

加气混凝土砌块一般规格尺寸有以下两个系列。

1）长度：600mm。

高度：200mm、250mm、300mm。

宽度：75mm、100mm、125mm（以25mm递增）。

2）长度：600mm。

高度：240mm、300mm。

宽度：60mm、120mm、180mm（以60mm递增）。

3. 强度等级

加气混凝土砌块按力学性能分为MU7.5、MU5、MU3.5、MU2.5、MU1.0五个强度等级。

四、石膏砌块

1. 原料及使用

石膏砌块是以建筑石膏为原料，加水搅拌，浇筑成形，自然干燥或烘干而制成的轻质块状隔墙材料，在生产中还可以加入各种轻骨料、填充料、纤维增强材料、发泡剂等辅助原料，也可以用高强石膏粉或者部分水泥代替建筑石膏，并掺加粉煤灰生产石膏砌块。石膏砌块墙体为轻质结构，具有减轻建筑自重，降低基础造价，提高抗震能力，长期使用过程中不会释放有害气体，无放射性和重金属危害，并具有安全防水、调节温度、保温隔热、节约能源等优良特性，是典型的绿色建材产品。

2. 规格和尺寸

石膏砌块的外形一般为直角六面体，通常在纵模四边分别设有凹凸砌口。常用的规格尺寸有 660mm × 500mm ×（60、80、90、100、110、120）mm；三块砌拼成 $1m^2$ 的墙面。实心砌块的密度为 800 ~ 1100kg/m^3；空心砌块的密度为 500 ~ 700kg/m^3。

第三节　砌筑用石材

从天然岩层中开采而得的毛料和经过加工成块状、板状的石料统称为石材。石材质地坚固，可以加工成各种形状，既可作为承重结构使用，又可以作为装饰材料。

一、毛石

1. 种类及规格

毛石是由人工采用撬凿法和爆破法开采出来的不规格石块。一般要求在一个方向有较平整的面，中部厚度不小于 150mm，每块毛石重约 20 ~ 30kg。毛石有乱毛石和平毛石，乱毛石是指形状不规则的石块，平毛石是指形状虽然不规则，但是有两个面大致平行的石块，如图 2-6 所示。

图 2-6　乱毛石和方块石的规格形状

2. 强度等级

毛石的强度等级分为 MU100、MU80、MU60、MU50、MU40、MU30、MU20 七个强度等级。在砌筑工程中一般用于基础、挡土墙、护坡、堤坝和墙体。

二、料石

1. 规格及种类

料石按其加工的平整程度分为粗料石和细料石。粗料石如图 2-7a 所示，粗料石亦称块石，形状比毛石整齐，具有近乎规则的 6 个面，是经过粗加工而得的成品。在砌筑工程中用于基础、房屋勒脚和毛石砌体的转角部位或单独砌筑墙体。细料石如图 2-7b 所示，细料石是经过选择后，再经人工打凿和琢磨而成的成品。因其加工细度的不同，可分为细料石、半细料石等。由于已经加工，形状方正，尺寸规整，可用于砌筑较高级房屋的台阶、勒脚、墙体等，也可用作高级房屋饰面的镶贴。条石和板石是按照一定的规格加工而成的石料，如图 2-8 所示，可用于高级房屋、广场的装饰地面和贴面。

2. 强度等级

料石的强度等级也分为 MU100、MU80、MU60、

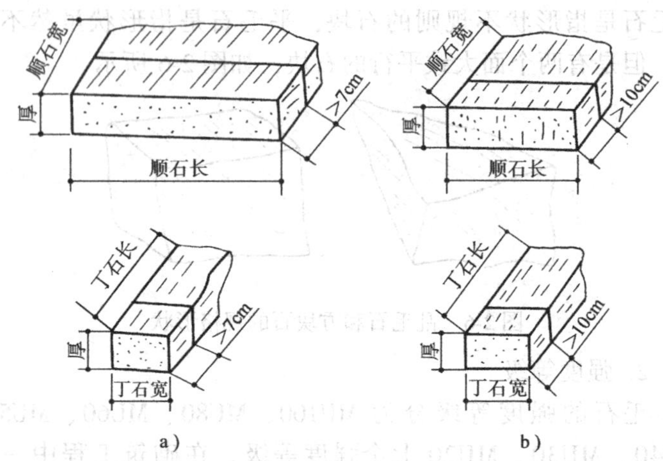

图 2-7 粗料石和细料石的外形

a）粗料石 b）细料石

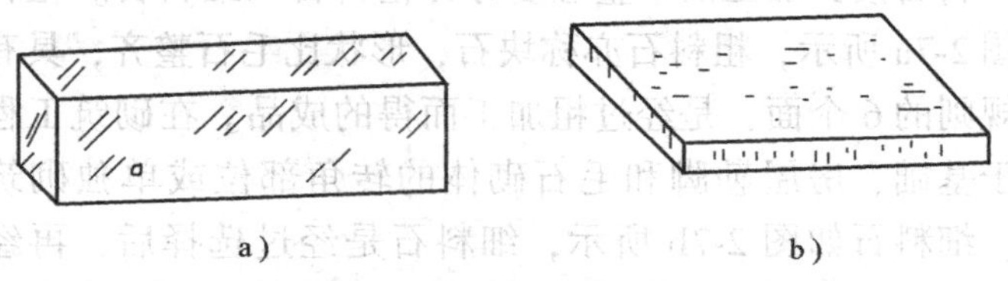

图 2-8 条石和板石的外形

a）条石 b）板石

MU50、MU40、MU30、MU20 七个强度等级。

3. 料石的加工

料石加工是石材砌筑工程的重要工作，料石各面的加工要求应该符合表 2-1 的规定。料石加工的允许误差应该符合表 2-2 的规定。

表 2-1　料石各面的加工要求　　（单位：mm）

料石的种类	外露面及相接周边的表面凹入深度	叠砌面和接触面的表面凹入深度
细料石	≤2	≤10
半细料石	≤10	≤15
粗料石	≤20	≤20
毛料石	稍加修整	≤25

注：相接周边的表面是指叠砌面、接触面和外露面相接处 20～30mm 范围内的部分。

表 2-2　料石加工允许误差　　（单位：mm）

料石的种类	加工允许误差	
	宽度、厚度	长度
细料石、半细料石	±3	±5
粗料石	±5	±7
毛料石	±7	±15

注：如果设计有特殊要求，请按设计要求加工。

第四节　砌筑用砂浆

一、砌筑砂浆的作用和种类

1. 砂浆的作用

砂浆是单个的砖块、石块或砌块组合成砌体的胶结材料，同时又是填充块体之间缝隙的填充材料。由于砌体受力的不同和块体材料的不同，因此要选择不同的砂浆进行砌筑。砌筑砂浆应具备一定的强度、粘接力和工作度（或叫流

动性、稠度)。它在砌体中主要起三个作用:

1) 胶结作用:砂浆能把各个块体牢固胶结在一起,形成一个整体。

2) 承载和传力作用:当砂浆硬结后,可以均匀地传递荷载,保证砌体的整体性。

3) 保温隔热作用:由于砂浆填满了砖石间的缝隙,降低了砌体的透风性,对房屋起到保温隔热的作用。

2. 砂浆的种类

砌筑砂浆是由骨料、胶结料、掺和料和外加剂组成。砌筑砂浆一般分为水泥砂浆、混合砂浆、石灰砂浆三类。

(1) 水泥砂浆　水泥砂浆是由水泥和砂子按一定比例混合搅拌而成,它可以配制强度较高的砂浆。水泥砂浆一般应用于基础、长期受水浸泡的地下室和承受较大外力的砌体。

(2) 混合砂浆　混合砂浆一般由水泥、石灰膏、砂子拌和而成。一般用于地面以上的砌体施工。混合砂浆由于加入了石灰膏,改善了砂浆的和易性,操作起来比较方便,有利于砌体密实度和砌筑工效的提高。

(3) 石灰砂浆　石灰砂浆是由石灰膏和砂子按一定比例搅拌而成的砂浆,完全靠石灰的气硬而获得强度。仅适用于干燥环境中的砌体施工或者临时性砌体施工。有较好的和易性,有利于披灰;强度等级一般达到 M0.4 或 M1.0。

(4) 其他砂浆

1) 防水砂浆:在水泥砂浆中加入 3% ~5% 的防水剂可制成防水砂浆。防水砂浆应用于需要防水的砌体(如地下室墙、砖砌水池、化粪池等),也广泛用于房屋的防潮层。

2) 嵌缝砂浆:一般使用水泥砂浆,也有用白灰砂浆的。

其主要特点是砂子必须采用细砂或特细砂，以利于勾缝。

3）聚合物砂浆：它是一种掺入一定量高分子聚合物的砂浆，一般用于有特殊要求的砌筑物。

4）白灰砂浆：是用白灰和黏土加水搅拌而成，白灰砂浆在冬季砌筑后立即冻结，强度得不到增长，产生的冻结强度在化冻时降低，容易引起砌体倒塌事故。

二、砌筑砂浆使用的材料

砌筑砂浆用料有水泥、砂子、塑化材料。砌筑工应能够根据图样要求的砂浆强度等级，配制出强度、稠度和保水性符合技术要求的砌筑砂浆。

1. 水泥

(1) 水泥的种类　常用的水泥有硅酸盐水泥、普通硅酸盐水泥（简称普通水泥）、矿渣硅酸盐水泥（简称矿渣水泥）、火山灰质硅酸盐水泥（简称火山灰质水泥）、粉煤灰硅酸盐水泥（简称粉煤灰水泥）。此外，还有特殊功能的水泥，如高强、快硬、耐酸、耐热、耐膨胀等不同性质的水泥以及装饰用的白水泥等。不同品种的水泥，不得混合使用。

(2) 水泥强度等级　水泥强度等级按规定龄期的抗压强度和抗折强度来划分，以28d龄期抗压强度为主要依据。根据水泥强度等级，将水泥分为32.5、32.5R、42.5、42.5R、52.5、52.5R、62.5、62.5R等几种。

(3) 水泥的特性　水泥具有与水结合而硬化的特点，它不但能在空气中硬化，还能在水中硬化，并继续增长强度，因此，水泥属于水硬性胶结材料。水泥经过初凝、终凝，随后产生明显强度，并逐渐发展成坚硬的人造石，这个过程称为水泥的硬化。反映水泥性能的指标主要有水泥的标号、凝结时间和安定性。国家标准规定：水泥的初凝时间不少于

45min，终凝时间除硅酸盐水泥不得迟于6.5h外，其他均不多于10h。

（4）水泥的保管　水泥属于水硬性材料，必须妥善保管，不得淋雨受潮。贮存时间一般不宜超过3个月。超过3个月的水泥（快硬硅酸盐水泥为1个月），必须重新取样送验，待确定标号后再使用。

2. 砂子

砂子是岩石风化后的产物，由不同粒径混合组成。砂是砌筑砂浆的骨料；按产地可分为山砂、河砂、海砂几种；按平均粒径可分为粗砂、中砂、细砂三种。粗砂平均粒径不小于0.5mm；中砂平均粒径为0.35~0.5mm；细砂平均粒径为0.25~0.35mm；还有特细砂，平均粒径在0.25mm以下。

砂子中含泥量过大会影响水泥砂浆和水泥混合砂浆的质量，从而影响砌筑质量。通常对于水泥砂浆和强度等级等于或大于M5的水泥混合砂浆，砂子中泥的质量分数不得超过5%；强度等级为M5以下的水泥混合砂浆，砂子中泥的质量分数不超过10%。对于含泥量较高的砂子，在使用前应过筛和用水冲洗干净。砌筑砂浆以使用中砂为好，粗砂的砂浆和易性差，不便于操作；细砂的砂浆强度较低，一般用于勾缝。

3. 塑化材料

为改善砂浆和易性可采用塑化材料，施工中常用的塑化材料有石灰膏、电石膏、粉煤灰及外加剂。

（1）石灰膏　生石灰经过熟化（熟化时间最少不少于7d），用孔洞不大于3mm×3mm的网滤渣后，储存在石灰池内，必须沉淀14d以上（称陈伏期），以防止过火石灰短期内不能充分熟化，导致后期熟化时使石灰浆墙面出现隆起崩裂现象，影响工程质量；也可用磨细生石灰粉（其熟化时间不小于1d)，经充分熟化后，即成为可用的石灰膏。在砌筑时严禁使用脱水硬化的石灰膏。

(2）石灰　石灰是使用最早的胶凝材料，是配制石灰砂浆的主要原料。生石灰通过加入不同的水量可制成石灰粉、石灰膏和石灰浆等。石灰的可塑性好，在空气中凝结硬化，强度低，耐水性差。石灰由于原料分布广泛，成本低廉，在建筑上得到广泛的应用。

(3）电石膏　电石原属工业废料，水化后形成青灰色乳浆，经过泌水和去渣后就可使用，其作用同石灰膏。电石在使用之前应进行20min 加热至700℃检验，无乙炔气味时方可使用。

(4）粉煤灰　粉煤灰是电厂排出的废料。在砌筑砂浆中掺入一定量的粉煤灰，可以增加砂浆的和易性。粉煤灰有一定的活性，因此能节约水泥，但塑化性不如石灰膏和电石膏。

(5）外加剂　外加剂在砌筑砂浆中起改善砂浆性能的作用，一般有塑化剂、抗冻剂、早强剂、防水剂等。冬期施工时，为了增大砂浆的抗冻性，一般在砂浆中掺入抗冻剂。抗冻剂有亚硝酸钠、三乙醇胺、氯盐等多种，而最简便易行的则为氯化纳——食盐。掺入食盐可以降低拌和水的冰点，起到抗冻作用。

4. 拌和用水

水在砂浆拌和中起着重要的作用，水与砂浆中的水泥发生化学反应，因此，拌和砂浆的水质必须符合《混凝土用水标准》，通常应采用自来水或天然洁净的水，不得使用含有油脂类物质、糖类物质、酸性或碱性物质和经工业污染的水。砂浆拌和用水的 pH 值应不小于 7；硫酸盐质量分数（以 SO_4^{2-} 计）不得超过水重的 1%，海水因含有大量盐分，不能用作拌和用水。

三、砂浆的技术要求

1. 砂浆的流动性

砂浆的流动性也叫稠度，是指砂浆的稀稠程度。砂浆的流动性与砂浆的加水量、水泥用量、石灰膏用量、砂子的颗粒大小和形状、砂子的孔隙以及砂浆搅拌的时间等有关。对砂浆流动性的要求，可以因砌体种类、施工时大气温度和湿度等的不同而异。当砖浇水适当而气候干热时，稠度宜采用 80 ~ 100mm；当气候湿冷，或砖浇水过多及遇雨天时，稠度宜采用 40 ~ 50mm；如砌筑毛石、块石等吸水率小的材料时，稠度宜采用 50 ~ 70mm。拌成后的砂浆，其稠度应符合表 2-3 的规定；分层度不应大于 30mm；颜色一致。

表 2-3　砌筑砂浆的稠度

砌体种类	砂浆稠度/mm
烧结普通砖砌体	70 ~ 90
轻骨料混凝土小型砌块砌体	60 ~ 90
烧结多孔砖、空心砖砌体	60 ~ 80
烧结普通砖平拱式过梁、空斗墙、筒拱	50 ~ 70
普通混凝土小型空心砌块砌体	50 ~ 70
加气混凝土砌块砌体	50 ~ 70
石砌体	30 ~ 50

2. 砂浆的保水性

砂浆的保水性，是指砂浆从搅拌机出料到使用在砌体上，砂浆中的水和胶结料以及骨料之间分离的快慢程度。分离快的保水性差，分离慢的保水性好。保水性与砂浆的组分配合、砂子的粗细程度和密实度等有关。一般说来，石灰砂浆的保水性比较好，混合砂浆次之，水泥砂浆较差。远距离的运输也容易引起砂浆的离析。同一种砂浆，稠度大的容易离析，保水性差，在砂浆中添加微沫剂是改善塑性和保水性的有效措施。

3. 砂浆的强度

强度是砂浆的主要指标，其数值与砌体的强度有直接关系。砂浆强度是由砂浆试块的强度测定的。砂浆强度等级分为 M15、M10、M7. 5、M5、M2. 5 五个等级。

四、影响砂浆强度的因素

（1）砂浆的配合比　配合比是指砂浆中各种原材料的比例组合，一般由试验室提供。配合比应严格计量，在搅拌时要求每种材料都必须经过磅秤称量才能进入搅拌机。

（2）原材料　原材料的各种技术性能必须经过试验室测试检定，不合格的材料不得使用。

（3）搅拌时间　砂浆必须经过充分地搅拌，使水泥、石灰膏、砂子等成为一个均匀的混合体。特别是水泥，如果搅拌不均匀，则会明显影响砂浆的强度。

五、砌筑砂浆的拌制和使用

1. 原材料的配制

不同标号的砂浆，是用不同数量的原材料拌制而成，各种材料的比例称为配合比。目前使用的砂浆配合比都是质量比；配合比是由专业试验室根据水泥标号、砂子级别、塑化剂的种类进行设计试配而确定的，然后下发到施工工地执行。砂浆组成材料的配料精确度应控制在下列规定之内：水泥、有机塑化剂±2%；砂、石灰膏、黏土膏、粉煤灰、电石膏、磨细生石灰粉±5%。砂应考虑其含水量对配料的影响。

砂浆应采用砂浆搅拌机拌和。砂浆搅拌机可选用活门卸料式、倾翻卸料式或立式，其容量多为200L或325L。

搅拌水泥砂浆时，应先将砂及水泥投入，干拌均匀后，再加入水搅拌均匀。

搅拌水泥混合砂浆时，应先将砂及水泥投入，干拌均匀后再投入石灰膏（或黏土膏等）加水搅拌均匀。

搅拌粉煤灰砂浆时，宜先将粉煤灰、砂与水泥及部分水投入，待基本拌匀后，再投入石灰膏加水搅拌均匀。

在水泥砂浆和水泥石灰砂浆中掺用微沫剂时，微沫剂掺量应事先通过试验确定，一般为水泥用量的0.5/10000~1.0/10000（微沫剂按100%纯度计）。微沫剂宜用不低于70℃的水稀释至质量分数为5%~10%的浓度，稀释后的微沫剂溶液存放时间不宜超过7d；微沫剂溶液应随拌和水投入搅拌机内，搅拌时间自投料起为2~2.5min左右。

2. 砌筑砂浆的配合比

一般情况下，多数施工单位采用设计图样要求的砂浆标号和稠度根据经验值来参照试配，经检验各种指标均达到设计要求，即可按经验配合比进行施工。

3. 砌筑砂浆搅拌

砂浆搅拌时间，自投料完算起应符合下列规定：

1）水泥砂浆和水泥混合砂浆，不得少于2min。

2）粉煤灰砂浆及掺用外加剂的砂浆，不得少于3min。

3）掺用微沫剂的砂浆为3~5min。

砂浆拌成后和使用时，均应盛入贮灰器中，如砂浆出现泌水现象，应在砌筑前再次拌和。砂浆应随拌随用。水泥砂浆和水泥混合砂浆必须在拌成后 3 ~ 4h 内使用完毕，当施工期间最高气温超过 30℃时，必须在拌成后 2 ~ 3h 内使用完毕，在砌筑中尤其不得使用过夜砂浆。

拌制砂浆前对各种材料要进行过秤，以保证质量比准确。为了使操作者心中有数，配合比准确，一般工地现场可将配合比指示牌悬挂在砂浆搅拌操作地点。

课题三

砌筑用工具及简单的机械设备

第一节　砌筑用手工工具

砌筑工是一项以手工操作为主的技术工种，砌筑用手工工具品种很多，用途广泛，对不同的砌筑工艺，应该选择相应的手工工具，这样才能够提高工效，保证砌筑质量。以下是几种常见的手工工具。

（1）瓦刀　又叫砖刀，是砌筑工个人使用及保管的工具，用于摊铺砂浆、砍削砖块、打灰条等。

（2）大铲　用于铲灰、铺灰和刮浆的工具，也可以在操作中用它随时调和砂浆。大铲以桃形者居多，也有长三角形和长方形。它是实施“三一”（一铲灰、一块砖、一揉挤）砌筑法的关键工具（图 3-1）。

（3）刨锛　用以打砍砖块的工具，也可以当做小锤与大铲配合使用。

（4）摊灰尺　用不易变形的木材制成，操作时放在墙上作为控制灰缝及铺砂浆用（图 3-2）。

（5）溜子　又叫灰匙、勾缝刀，一般以 $\phi8$ 钢筋打扁制成，并装上木柄，通常用于清水墙勾缝。用 0.5 ~ 1mm 厚的薄钢板制成的较宽的溜子，则用于毛石墙的勾缝（图 3-3）。

（6）灰板　又叫托灰板，用不易变形的木材制成。在勾缝时，用它承托砂浆。

（7）抿子　抿子是用0.8～1mm厚的钢板制成，并铆上执手，安装木柄成为工具，可用于石墙的抹缝、勾缝（图3-4）。

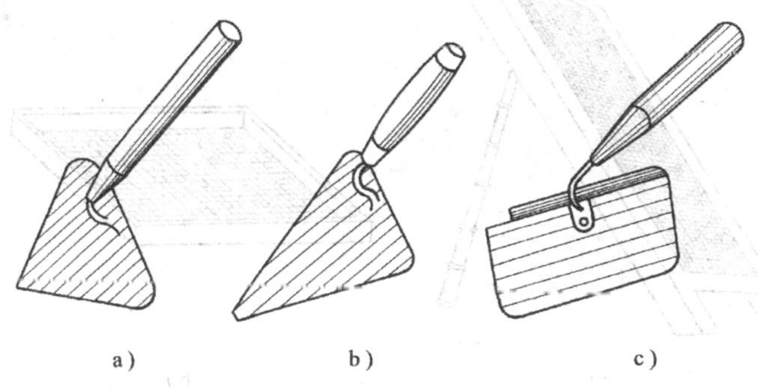

图3-1　砌筑用大铲

a）桃形大铲　b）长三角形大铲　c）长方形大铲

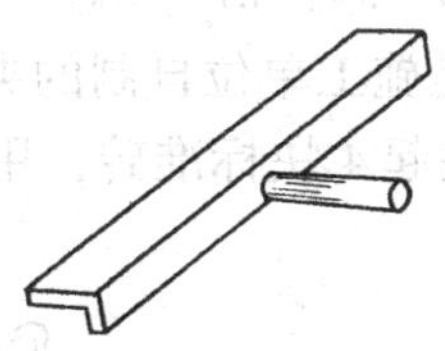

图3-2　摊灰尺

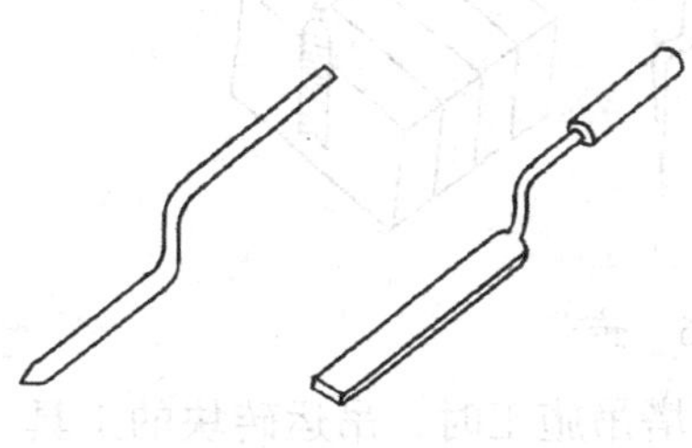

图3-3　溜子

图3-4　抿子

（8）筛子　主要用于筛砂。筛孔直径有 4mm、6mm、8mm 等数种。主要有立筛、小方筛（图 3-5）；勾缝需用细砂时，可利用铁窗纱钉在小木框上制成小筛子。

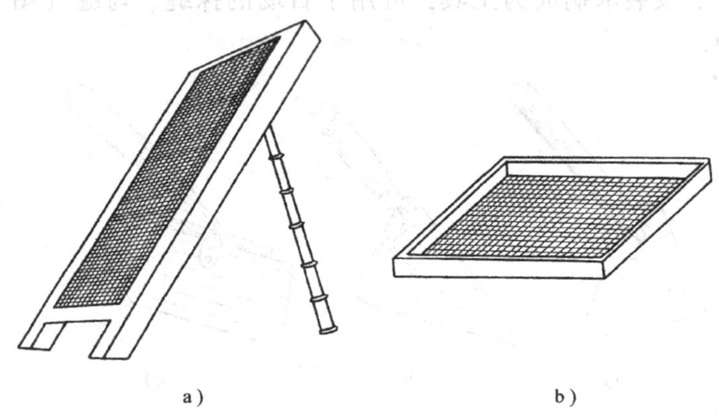

图 3-5　筛子

a）立筛　b）小方筛

（9）砖夹　砖夹是施工单位自制的夹砖工具。可用 ϕ16 钢筋锻造，一次可以夹起 4 块标准砖，用于装卸砖块。砖夹形状见图 3-6。

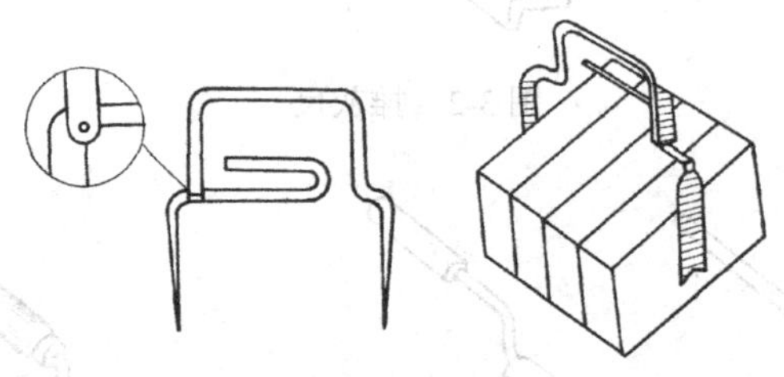

图 3-6　砖夹

（10）砖笼　砖笼是采用塔吊施工时，吊运砖块的工具。施工时，在底板上先码好一定数量的砖，然后把砖笼套上并固定，再起吊到指定地点，如此周转使用。

（11）灰槽　用1～2mm厚的黑铁皮制成，供存放砂浆用。

（12）其他　如橡胶水管、大水桶、灰铺、灰勺、钢丝刷及扫帚等。

第二节　砌筑用测量工具

（1）钢卷尺　钢卷尺有1m、2m、3m、5m及30m、50m等几种规格。钢卷尺主要用来量测轴线尺寸、位置及墙长、墙厚，还有门窗洞口的尺寸、留洞位置等。

（2）托线板　又称靠尺板，用于检查墙面垂直和平整度。由施工单位用木材自制，长1.2～1.5m；也有用铝合金制成的，见图3-7。

（3）线锤　吊挂垂直度用，主要与托线板配合使用，见图3-7。

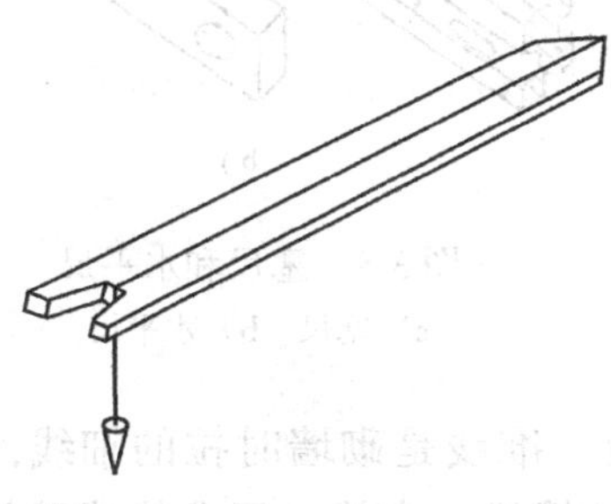

图3-7　托线板和线锤

（4）塞尺　塞尺与托线板配合使用，以测定墙、柱的垂直、平整度的偏差。塞尺上每一格表示厚度方向1mm（图3-8a）。使用时，托线板一侧紧贴于墙或柱面上，由于墙或柱面本身的平整度不够，必然与托线板产生一定的缝隙，用塞尺轻轻塞进缝隙，塞进几格就表示墙面或柱面偏差几毫米。

（5）水平尺　用铁和铝合金制成，中间镶嵌玻璃水准管，用来检查砌体对水平位置的偏差（图3-8b）。

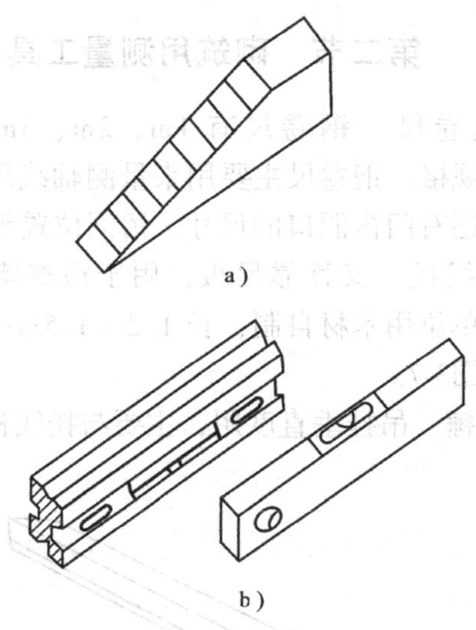

图3-8　塞尺和水平尺

a）塞尺　b）水平尺

（6）准线　准线是砌墙时拉的细线，一般使用直径为0.5～1.0mm的棉线、麻线、尼龙线或弦线，用于砌体砌筑时拉水平用，另外也用来检查水平缝的直线度。

（7）百格网　用于检查砌体水平缝砂浆饱满度的工具。可用铁丝编制锡钎焊而成，也有在有机玻璃上划格而成，其规格为一块标准砖的大面尺寸。将其长度方向各分成10格，画成100个小格，故称百格网，如图3-9a所示。

（8）方尺　用木材或金属制成边长为200mm的直角尺，有阴角和阳角两种，分别用于检查砌体内外转角的方整程度。方尺形状如图3-9b、c所示。

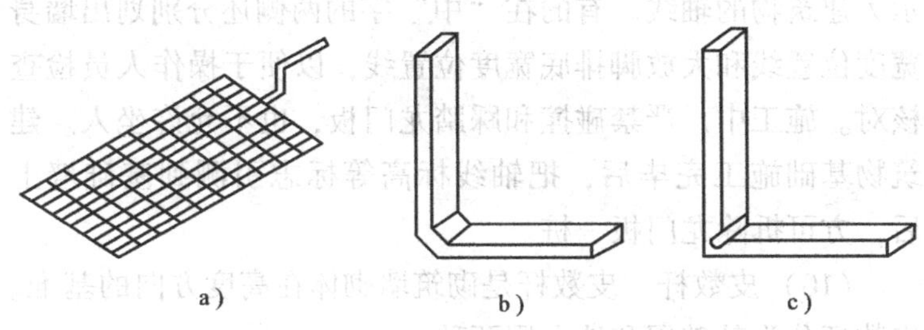

图3-9　百格网和方尺

a）百格网　b）阴角方尺　c）阳角方尺

（9）龙门板　龙门板是在房屋定位放线后，砌筑时定轴线、中心线的标准，如图3-10所示。施工定位时一般要求

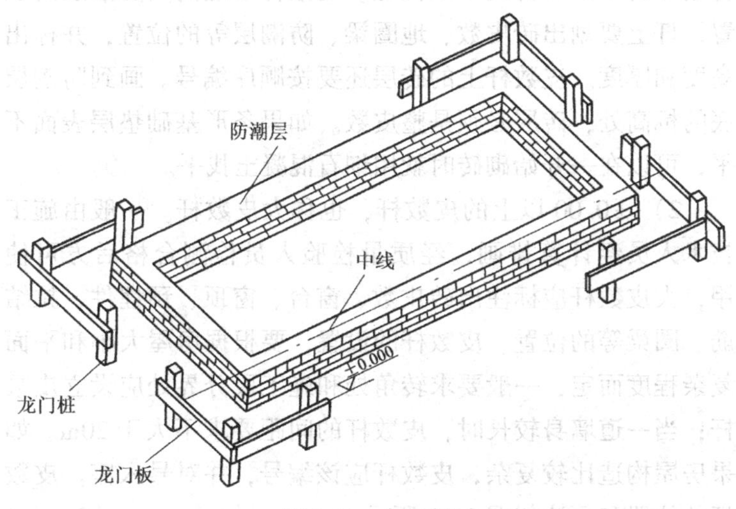

图3-10　龙门板

板顶面的高程即为建筑物相对标高 ±0.00。在板上划出轴线位置，以划“中”字示意，板顶面还要钉一根 20～25mm 长的钉子。在两个相对的龙门板之间拉上准线，则该准线就表示为建筑物的轴线。有的在“中”字的两侧还分别划出墙身宽度位置线和大放脚排底宽度位置线，以便于操作人员检查核对。施工中，严禁碰撞和踩踏龙门板，也不允许坐人。建筑物基础施工完毕后，把轴线标高等标志引测到基础墙上后，方可拆除龙门板、桩。

（10）皮数杆　皮数杆是砌筑墙砌体在高度方向的基准。皮数杆分为基础用和地上用两种。

1）基础用皮数杆比较简单，一般使用 30mm×30mm 的方木杆，由现场施工员绘制。一般在进行条形基础施工时，先在要立皮数杆的地方预埋一根小木桩，到砌筑基础墙时，将划好的皮数杆钉到小木桩上。皮数杆顶应高出防潮层的位置，杆上要划出砖皮数、地圈梁、防潮层等的位置，并标出高度和厚度。皮数杆上的砖层还要按顺序编号。画到防潮层底的标高处，砖层必须是整皮数。如果条形基础垫层表面不平，可以在一开始砌砖时就用细石混凝土找平。

2）±0.00 以上的皮数杆，也称大皮数杆。一般由施工技术人员经计算排画，经质量检验人员检测合格后方可使用，大皮数杆应标注出砖皮数、窗台、窗顶、预埋件、拉结筋、圈梁等的位置。皮数杆的设置，要根据房屋大小和平面复杂程度而定，一般要求转角处和施工段分界处应设立皮数杆；当一道墙身较长时，皮数杆的间距要求不大于 20m。如果房屋构造比较复杂，皮数杆应该编号，并对号入座。皮数杆的位置和画法如图 3-11 所示。

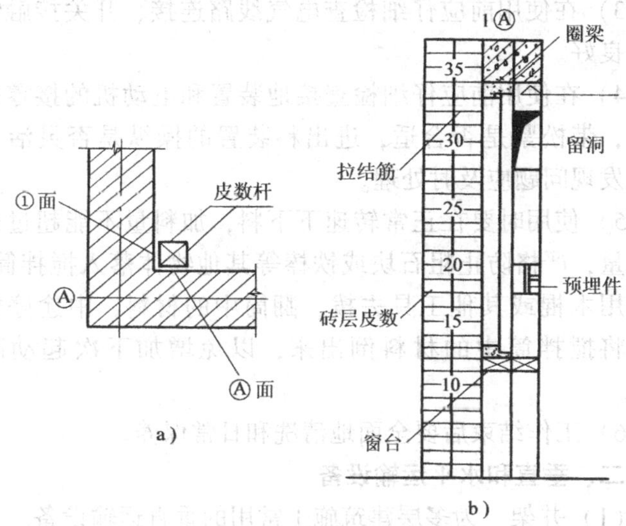

图 3-11　皮数杆

a）皮数杆平面位置　b）皮数杆展开图

第三节　砌筑用机械设备

一、砂浆搅拌机

砂浆搅拌机是砌筑工程中的常用机械，用来制备砌筑和抹灰用的砂浆。目前常用的砂浆搅拌机有倾翻出料式的 HJ－200型、HJ－200B 型。

砂浆搅拌机的使用和维护方法如下：

1）在使用前应仔细检查搅拌叶片是否有松动现象，发现有松动，应及时紧固搅拌叶片螺栓，否则容易打坏拌筒，甚至卡弯转轴，发生事故。

2）在使用前应仔细检查润滑处的润滑情况，要确保机械有充分的润滑。

3）在使用前应仔细检查电气线路连接、开关接触情况是否良好。

4）在使用前应仔细检查接地装置和电动机的接零是否良好，带松紧是否合适，进出料装置的操纵是否灵活和安全，发现问题应及时处理。

5）使用时要在正常转速下下料，加料量不能超过规定的容量，严格防止粗石块或铁棒等其他物体落入搅拌筒内，不准用木棍或其他工具去拨、翻筒中的材料，中途停机前必须将搅拌筒中的材料倒出来，以免增加下次起动时的负荷。

6）工作结束后要全面地清洗和日常保养。

二、垂直和水平运输设备

(1) 井架　为多层建筑施工常用的垂直运输设备。一般用型钢支设，并配置吊篮（或料斗）、天梁、卷扬机，形成垂直运输系统。

(2) 龙门架　由两根立杆和横梁构成。立杆由型钢组成，配上吊篮用于材料的垂直运输。

(3) 卷扬机　卷扬机是升降井架和龙门架上吊篮的动力装置。

(4) 附壁式升降机（施工电梯）又叫附墙外用电梯。它是由垂直井架和导轨式外用笼式电梯组成，用于高层建筑的施工。该设备除载运工具和物料外，还可乘人上下，架设安装比较方便，操作简单，使用安全。

(5) 塔式起重机　塔式起重机俗称塔吊。塔式起重机有固定式和行走式两类。塔吊必须由经过培训合格的专业人员操作，塔吊操作人员必须持证上岗，起吊时必须有专门人员指挥，其他人员不得随意乱动或胡乱指挥。

第四节　砌筑用脚手架

脚手架是砌筑工程非常重要的辅助工具。按搭设位置可分为外脚手架和里脚手架；按使用材料可分为木脚手架、竹脚手架和金属脚手架；按构造形式可分为立杆式、框式、吊挂式、悬挑式、工具式等多种。

立杆式使用最为普遍，它是由立杆、大横杆、小横杆、斜撑、抛撑、剪刀撑等组合而成。立杆式脚手架一般用于外墙，按立杆排数不同又可分成单排和双排。双排脚手架，除与墙有一定的拉结点外，整个架子自成体系，可以先搭好架子再砌墙体。单排脚手架只有一排立杆，小横杆伸入墙体，与墙体共同组成一个体系，所以要随着砌体的升高而升高。

一、脚手架的构造

（1）木脚手架　采用剥皮杉木杆作为杆材，用 8 号镀锌铁丝绑扎搭设。因铁丝容易生锈，故此类脚手架适用于北方气候干燥地区。又因为浪费木材，目前已不常见。

（2）竹脚手架　采用生长期 3 年以上的毛竹为材料，并用竹篾绑扎搭设（也可用镀锌铁丝绑扎搭设），凡青嫩、枯黄、黑斑、虫蛀、裂纹连通两节以上的毛竹均不能使用。竹脚手架一般都搭成双排，用在多层建筑的施工中。

（3）钢管脚手架　钢管一般采用外径为 48 ~ 51mm、壁厚 3 ~ 3.5mm 的焊接钢管；连接件采用铸铁扣件。它具有搭拆灵活、安全度高、使用方便等优点，是目前建筑施工中大量采用的一种脚手架。它既可以搭成单排脚手架，又可以搭成双排或多排脚手架。

（4）工具式脚手架　在砌筑房屋内墙或外墙时，也可以用里脚手架。里脚手架可用钢管搭设，也可以用竹木等材料搭设。工具式里脚手架一般有折叠式、支柱式、高登和平台架等。搭设时，在两个里脚手架上搁脚手板后，即可堆放材料和上人进行砌墙操作。

(5) 砌砖操作平台　它是由几榀支架组成的支承重量的框架，在框架上满铺脚手板形成一个平台，在上面可以堆放砖及砂浆进行砌筑。

二、脚手架的安全使用要点

1) 脚手架应由专业架子工搭设，未经验收的脚手架不能使用。使用中未经专业搭设人员同意，不得随意自搭飞跳或自行拆除某些杆件。

2) 脚手架上所设的各类安全设施，如安全网、安全围护栏杆等不得任意拆除。

3) 当墙身砌筑高度超过地坪 1.2m 时，应由架子工搭设脚手架。一层或 4m 以上高度时应设安全网。

4) 砌筑时架子上的允许堆料荷载不应超过 $2700N/m^2$；堆砖不能超过 3 层，砖要顶头朝外码放。灰斗和其他材料应分散放置，以保证使用安全。

5) 上下脚手架应走斜道或梯子，不准翻爬脚手架。

6) 脚手架上有霜雪时，应清扫干净后方可进行操作。

7) 大雨或大风后要仔细检查整个脚手架，如发现沉降、变形、偏斜应立即报告，经纠正加固后才能使用。

8) 单排脚手架的横向水平杆不得在下列墙体或部位中设置脚手眼：

① 独立或附墙砖柱。

② 过梁上与过梁成 60°角的三角形范围及过梁净跨度 1/2的高度范围内。

③ 宽度小于1m的窗间墙。

④ 砖砌体的门窗洞口两侧200mm和转角处450mm的范围内。石砌体的门窗洞口两侧300mm和转角处600mm范围内。

⑤ 梁或梁垫下及其左右各500mm范围内。

⑥ 设计不允许设置脚手眼的部位。

课题四

砌筑工的基本操作技能

第一节　砌砖的基本技能

一、砌砖的基本功

砖砌体是由砖和砂浆共同组成的。每砌一块砖，需经铲灰、铺灰、取砖、摆砖四个动作来完成，这四个动作就是砌筑工的基本功。

（1）铲灰　用瓦刀铲灰时，因为瓦刀是长条形的，铲在瓦刀上的灰也应呈长条形，一般可将瓦刀贴近灰斗的长边（靠近操作者的一边）顺长取灰，就可以取到长条形的灰，同时还要掌握好取灰的数量，尽量做到一刀灰一块砖。

（2）铺灰　砌砖速度的快慢和砌筑质量的好坏与铺灰有很大关系。灰铺得好，砌起砖来会觉得轻松自如，砌好的墙也干净利落。初学者可单独在一块砖上练习铺灰，砖平放、铲一刀灰，顺着砖的长方向放上去，然后用挤浆法砌筑。

（3）取砖　用挤浆法操作时，铲灰和取砖的动作应该一次完成，这样不仅节约时间，而且减少了弯腰的次数，使操作者能比较持久地操作。取砖时包括选砖，操作者对摆放在身边的砖要进行全面的观察，哪些砖适合砌在什么部位，要做到心中有数。当取第一块砖时就要看准要用的下一块砖，这样，操作起来就能得心应手。砖在脚手架上是紧排侧放的，要从中间取出一块砖可能比较困难，这时可以用瓦刀或大铲去勾一下砖的外面，使砖翘起一个角度，这样就好取砖了。所谓拿到合适的砖，是针对砖的外观质量而言。如砌清水墙，正面必须色泽一致，棱角整齐，这时就要求操作者托在手掌上用旋转的方法来选换砖面，这也是砌筑工必须掌握的基本技术之一。初学时，可以用一块木砖练，将砖平托在左手掌上，使掌心向上，砖的大面贴在手心，这时用该手的食指或中指稍勾砖的边棱，依靠四指向大拇指方向的运动，配合抖腕动作，砖就在左掌心旋转起来了。操作者可观察砖的四个面（两个条面、两个丁面），然后选定最合适的面朝向墙的外侧。

（4）摆砖　摆砖是完成砌砖的最后一个动作，砌体能不能达到横平竖直、错缝搭接、灰浆饱满、整洁美观的要求，关键在摆砖上下功夫。练习时可单独在一段墙上操作，操作者的身体同墙面保持200mm左右的距离，手必须握住砖的中间部分，摆放前用瓦刀沾少量灰浆刮到砖的端头上，抹上“碰头灰”，使竖向砂浆饱满。摆放时要注意手指不能碰撞准线，特别是砌顺砖的外侧面时，一定要在砖将要落墙时的一瞬间翘起大拇指。砖摆上墙以后，如果高出准线，可以稍稍揉压砖块，也可用瓦刀轻轻叩打。灰缝中挤出的灰可用瓦刀随手刮起甩入竖缝中。

二、砍砖的基本功

砍砖的动作虽然不在砌筑的四个动作之内，但却是为了满足砌体的组砌要求。砖的砍凿一般用瓦刀或刨锛作为砍凿工具，当所需形状比较特殊且用量较多时，也可利用扁头钢凿、尖头钢凿配合手锤砍凿。砍凿尺寸的控制一般是利用砖作为模数来进行划线的，其中七分头（约180mm×115mm）用得最多，可以在瓦刀柄和刨棚上先量好位置，刻好标记槽，以利提高工效。

1. 七分头的砍凿方法

(1) 选砖　准备砍凿的砖要求外观平整、无缺棱、掉角、裂缝，也不能用烧过火的砖和欠火砖。符合这些条件后，应一手持砖，一手用瓦刀或刨锛轻轻敲击砖的大面，如果声音清脆即为好砖，砍凿效果好。如果发出“壳壳壳”的声音，则表明内在质地不匀，不可砍凿。

(2) 标定砍凿位置　当使用瓦刀砍凿时，一手持砖使条面向上，以瓦刀所刻标记处伸量一下砖块，在相应长度位置用瓦刀轻轻划一下，然后用力斩 1~2 刀即可完成。当使用刨锛时，一手持砖使条面向上，以刨锛手柄所刻标记对准砖的条面，轻轻晃动刃口，在砖的条面上划出印子，然后举起刨锛砍凿划痕处，一般 1~2 下即可砍下二分头。以上两个动作在实际操作时是紧紧相连的，仅需 2~3s 的时间。七分头的砍凿如图 4-1 所示。

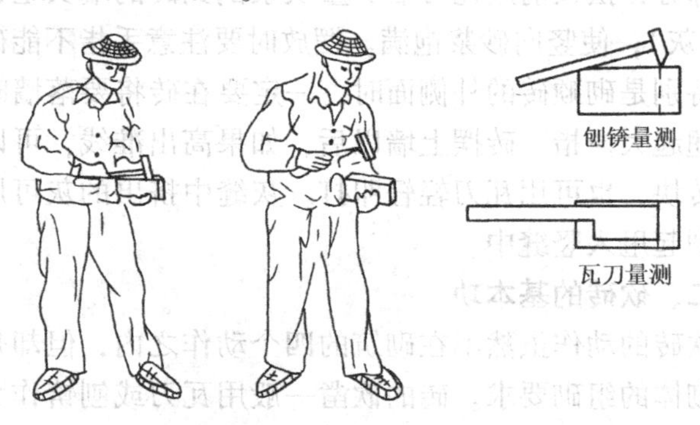

图 4-1　七分头的砍凿

2. 二寸条的砍凿方法

二寸条俗称半条砖（约 57mm × 240mm），是比较难以砍凿的。目前多利用电动工具来切割，也可利用手工方法砍凿。

（1）瓦刀刨锛法　砍凿时同样要通过选砖和砍凿两个步骤。选砖的方法和步骤与挑选砍七分头砖一样，但是二寸条更难砍凿，所以对所选的砖要求更高。选好砖以后，利用另一块砖作为尺模，在要砍凿的砖的两个大面都划好刻痕（印子），再用瓦刀或刨锛在砖的两个条面上各砍一下，然后用瓦刀的刃口尖端或刨锛的刀口轻轻叩打砖的两个大面，并逐步增加叩打的力量，最后在砖的两个条面用力砍凿一下，二寸条即可砍成。

（2）手锤钢凿法　利用手锤和钢凿（錾子）配合，能减少砖的破碎损耗，也是砍凿耐火砖的常用方法。初级砌筑工可能对瓦刀、刨锛的使用方法还缺乏一定的经验和技能，可以利用手锤和钢凿的配合来加工二寸条。另外，当二寸条的使用量较多时，为了避免材料的不必要损耗，也可指定专人利用手锤、钢凿集中加工。集中砍凿时最好在地上垫好麻袋或草袋等，使砍凿力量能够均匀分布，然后将砖块大面朝上，平放于麻袋上，操作者用脚尖踩砖的条面，左手持凿，右手持锤，轻轻砍凿。一般先用尖头钢凿顺砖的条面、大面、另一条面、另一大面轻轻密排打凿一遍，然后以扁钢凿顺已砍凿的印子打凿即能凿开。

三、瓦刀披灰的基本功

（1）瓦刀披灰法　瓦刀披灰法又叫满刀灰法或带刀灰法，是一种常见的砌筑方法，特别是在砌空斗墙时都采用此种方法。由于我国古典建筑多数采用空斗墙作填充墙，所以瓦刀披灰法有悠久的历史。用瓦刀披灰法砌筑时，左手持砖右手拿瓦刀，先用瓦刀在灰斗中刮上砂浆，然后用瓦刀把砂浆正手披在砖的一侧，再反手将砂浆抹满砖的大面，并在另一侧披上砂浆。砂浆要刮布均匀，中间不要留空隙，丁头缝也要满披砂浆，然后把满披砂浆的砖块轻轻按在墙上，直到与准线相平齐为止。每皮砖砌好后，用瓦刀将挤出墙面的砂浆刮起并甩入竖向灰缝内。

（2）瓦刀披灰法的优缺点　瓦刀披灰法砌筑时，因其砂浆刮得均匀，灰缝饱满，所以砌筑的砂浆饱满度较好。但是每砌一块砖都要经过 6 个刮灰动作，工效太低。这种方法适用于砌空斗墙、1/4 砖墙、拱碹、窗台、花墙、炉灶等。由于这种方法有利于砌筑工的手法锻炼，历来被列为砌筑工入门的基本训练之一。

（3）操作方法　瓦刀披灰法适合于稠度大、粘性好的砂浆，有些地区也使用黏土砂浆和白灰砂浆。瓦刀披灰法应使用灰斗存灰，取灰时，右手提握瓦刀把，将瓦刀头伸入灰斗内，顺着灰斗靠近身边的一侧轻轻刮取，砂浆即粘在瓦刀头上，所以又叫带刀灰。这样不仅可使砂浆粘满瓦刀，而且取出的灰光滑圆润，利于披刮。瓦刀披灰法的刮灰动作如图 4-2a ~ f 所示。

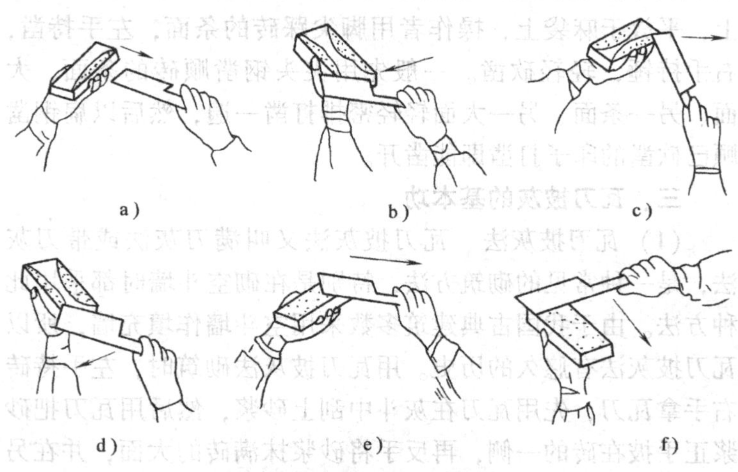

图 4-2　瓦刀披灰的刮灰动作

以上的6个动作仅仅刮了一个砖的大面，如果是黏土砂浆或白灰砂浆，这个面上形成一个四面高中间低的形状，俗称“蟹壳灰”。

大面上灰浆打好以后，还要根据是丁砖还是顺砖，打上条面或丁面的竖向灰。砖砌到墙上以后，刮取挤出的灰浆再甩入竖缝内。条面或丁面的打灰方式可参照大面的办法进行，只要大面的灰能够打好，条面和丁面也没有问题。

砌筑空斗墙时，特别要弄清灰应该打在砖的哪一面，因为砖在手中和在砌体内的位置和方向是不一样的，打灰必须弄清手中的砖砌到墙上以后是什么方位，哪几个面要打灰。空斗墙内的砖有很多地方是不需要打灰的，不能生搬硬套图4-2的做法。

第二节　“三一”砌筑法

一、“三一”砌筑法的三个步骤

所谓“三一”砌筑法是指一铲灰、一块砖、一揉挤这三个“一”的动作过程。

(1) 铲灰取砖　如前所述，理想的操作方法是将铲灰和取砖合为一个动作进行。先是右手利用工具勾起侧码砖的丁面，左手随之取砖，右手再铲灰。拿砖时就要看好下一块砖，以确定下一个动作的目标，这样有利于提高工效。铲灰量凭操作者的经验和技艺来确定，以一铲灰刚好能砌一块砖为准。

(2) 铺灰　砌条砖铺灰采取正铲甩灰和反扣两个动作。甩的动作应用于砌筑离身较远且工作面较低的砖墙，甩灰时握铲的手利用手腕的挑力，将铲上的灰拉长而均匀地落在操作面上。扣的动作应用于正面对墙、操作面较高的近身砖墙，扣灰时握铲的手利用手臂的前推力将灰条扣出。

砌三七墙的里丁砖，采取扣灰刮虚尖的动作，铲灰要呈扁平状，大铲尖部的灰要少，扣出灰要前部高后部低，随即用铲刮虚尖灰，使碰头缝灰浆挤严。砌三七墙的外丁砖时，铲灰呈扁平状，灰的厚薄要一致，由外往里平拉铺灰，采取泼的动作。平拉反腕泼灰用于侧身砌较远的外丁砖墙，平拉正腕泼灰用于砌近身正面的外丁砖墙。

(3) 揉挤　灰铺好后，左手拿砖在离已砌好的砖约有30~40mm处开始平放，并稍稍蹭着灰面，把灰浆刮起一点到砖顶头的竖缝里，然后把砖揉一揉，顺手用大铲把挤出墙面的灰刮起来，再甩到竖缝里。揉砖时要做到上看线下看墙，做到砌好的砖下跟砖棱，上跟挂线。

二、“三一”砌筑法的动作分解

“三一”砌筑法可分解为铲灰、取砖、转身、铺灰、揉挤和将余灰甩入竖缝6个动作，如图4-3a~e所示。

三、“三一”砌筑法的步法

一般的步法是操作者背向前进方向（即退着往后），斜站成步距约0.8m的丁字步，以便随着砌筑部位的变化，取砖、铲灰时身体能转动灵活。一个丁字步能完成1m长的砌筑工作量。在砌离身体较远的砖墙时，身体重心放在前足，后足跟可以略微抬起，砌到近身部位时，身体重心移到后腿，前腿逐渐后缩。在完成1m工作量后，前足后移半步，人体正面对墙，还可以砌0.5m，这时铲灰、砌砖脚步可以以后足为轴心稍微转动，砌完1.5m长的墙，人就移动一个工作段。这种砌法的优点是操作者的视线看着已砌好的墙面，因此便于检查墙面的平面度，并能及时纠正，但因为人斜向墙面，竖缝不易看准，因此要严加注意。“三一”砌筑法的步法如图4-4所示。

a)　　b)　　c)

d)　　e)

图 4-3　“三一”砌筑法的动作分解

a）铲灰取砖　b）转身　c）铺灰　d）挤压　e）余灰甩入竖缝

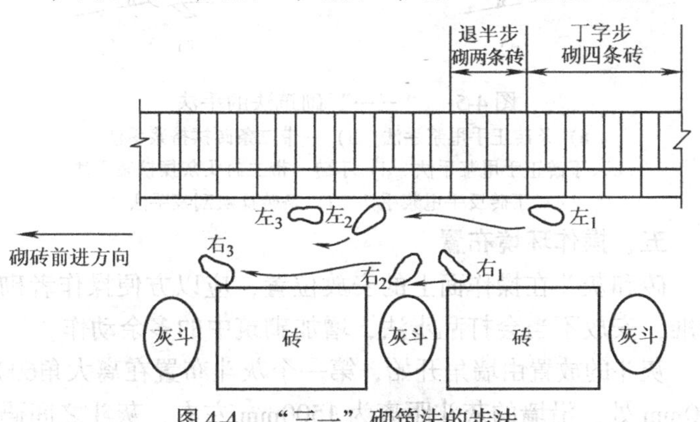

图 4-4“三一”砌筑法的步法

四、“三一”砌筑法的手法

“三一”砌筑法的手法如图 4-5a ~ f 所示。

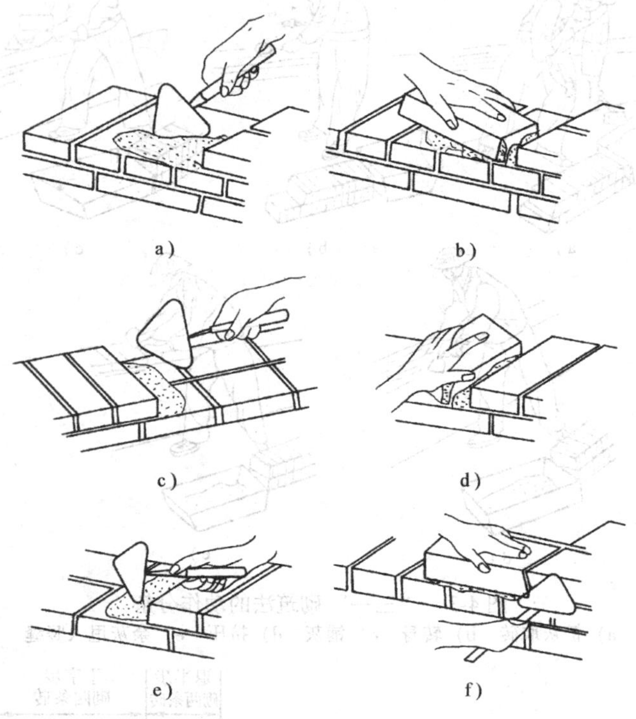

图 4-5 “三一”砌筑法的手法

a）条砖正手甩浆手法 b）一带二条砖揉挤浆手法
c）丁砖正手甩浆手法 d）丁砖一带二碰头灰揉挤浆手法
e）丁砖反手甩浆手法 f）条砖揉灰刮浆手法

五、操作环境布置

砖和灰斗在操作面上的安放位置，应以方便操作者砌筑为准，安放不当会打乱步法，增加砌筑中的多余动作。

灰斗的放置由墙角开始，第一个灰斗布置在离大角600 ~ 800mm 处，沿墙的灰斗距离为 1500mm 左右，灰斗之间码放两排砖，要求排放整齐。遇有门窗洞口处可不放料，灰斗位置相应退出门窗口 600~800mm，材料与墙之间留出 500mm 作为操作者的工作面。砖和砂浆的运输在墙内楼面上进行。灰斗和砖的排放如图 4-6 所示。

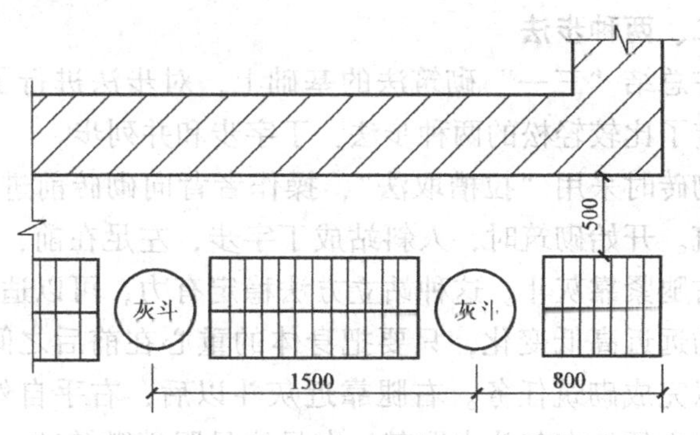

图 4-6　灰斗和砖的排放

第三节　“二三八一”操作法

一、“二三八一”操作法的由来

“二三八一”砌砖动作规范就是把砌筑工砌砖的动作过程归纳为二种步法、三种弯腰姿势、八种铺灰手法、一种挤浆动作，简称“二三八一”操作法。

根据一般砌筑工的操作进行分解，砌一块砖要有 17 个动作：90°弯腰→在灰斗内翻拌砂浆→选砖→拿砖→转身→移步→把砂浆扣在砌筑面上→用铲推平砂浆→刮取碰头灰→把砖放在砌筑面上→一手扶砖、一手提铲并用铲尖顶住砖的外侧揉搓→敲砖→第一次刮取灰缝中挤出的余浆→将余浆甩入碰头竖缝内→第二次敲砖→第二次刮取余浆→将余浆甩回灰斗内。

对于技术不熟练的工人和有不良习惯的操作者来说，还可能有其他多余的动作。这样一分解，发现砌一块砖实在太

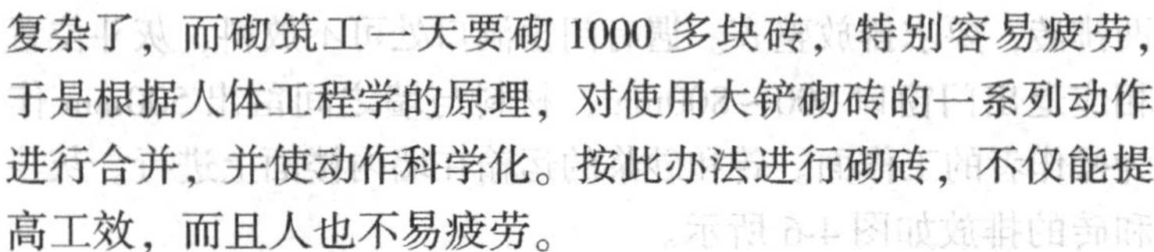

复杂了，而砌筑工一天要砌1000多块砖，特别容易疲劳，于是根据人体工程学的原理，对使用大铲砌砖的一系列动作进行合并，并使动作科学化。按此办法进行砌砖，不仅能提高工效，而且人也不易疲劳。

二、两种步法

在总结“三一”砌筑法的基础上，对步法进行了分析，并规定了比较轻松的两种步法：丁字步和并列步。

砌砖时采用“拉槽取法”，操作者背向砌砖前进方向退步砌筑。开始砌筑时，人斜站成丁字步，左足在前，右足在后，右腿紧靠灰斗。这种站立方法稳定有力，可以适应砌筑部位的远近高低变化，只要把身体的重心在前后之间变换，就可以完成砌筑任务。右腿靠近灰斗以后，右手自然下垂，就可以方便地在灰斗中取灰。右足绕足跟稍微转动一下，又可以方便地取到砖块。

砌到近身以后，左足后撤半步，右足稍稍移动即成为并列步，操作者基本上面对墙身，又可完成500mm长的砖墙砌筑。在并列步时，靠两足的稍稍旋转来完成取灰和取砖的动作。一段砌筑全部砌完后，左足后撤半步，右足后撤一步，第二次又站成丁字步，再继续重复前面的动作。每一次步法的循环，可以完成1500mm的墙体砌筑，所以要求操作面上灰斗的排放间距也是1500mm，这一点与“三一”砌筑法是一样的。

三、三种弯腰姿势

(1) 侧身弯腰姿势　当操作者站成丁字步的姿势铲灰和取砖时，应采取侧身弯腰的动作，利用右腿微弯、斜肩和侧身弯腰来降低身体的高度，以达到铲灰和取砖的目的。侧身弯腰时动作时间短，腰部只承担轻度的负荷。在完成铲灰取砖后，可借助伸直右腿和转身的动作，使身体重心移向左腿而转换成正弯腰（砌低矮墙身时）。由于动作连贯，由腿、肩、腰三部分形成复合的肌肉活动，从而减轻了单一弯腰的劳动强度。

（2）丁字步正弯腰姿势　当操作者站成丁字步，并砌筑离身体较远的矮墙身时，应采用丁字步正弯腰的动作。

（3）并列步正弯腰姿势　丁字步正弯腰时重心在左腿，当砌到近身砖墙并改换成并列步砌筑时，操作者应采用并列步正弯腰的动作。“二三八一”操作法采用“拉槽砌法”，使操作者前进的方向与砌筑前进的方向相一致，避免了不必要的重复，而各种弯腰姿势可根据砌筑部位的不同而进行协调的变换。侧弯腰→丁字步弯腰→侧身弯腰→并列步弯腰的交替变换，可以使腰部肌肉交替活动，对于减轻劳动强度，保护操作者腰部健康是有益的。三种弯腰姿势的动作分解如图4-7a～f所示。

图4-7　三种弯腰动作的分解

a）丁字步弯腰　b）丁字步弯腰　c）并列步正弯腰

d）侧身弯腰　e）侧身弯腰　f）丁字步弯腰

四、八种铺灰手法

（1）砌条砖时的三种手法

1）甩法：甩法是“三一”砌筑法中的基本手法，适用于砌离身体部位低而远的墙体。铲取砂浆要求呈均匀的条状，当大铲提到砌筑位置时，将铲面转 90°，使手心向上，同时将灰顺砖面中心甩出，使砂浆呈条状均匀落下，甩灰的动作分解如图 4-8 所示。

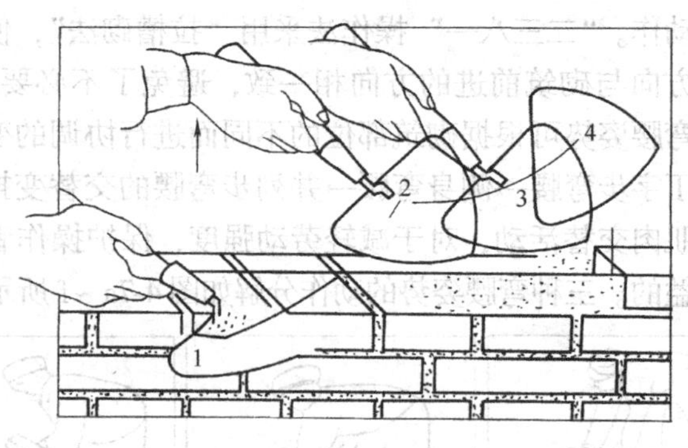

图 4-8　砌条砖“甩”铺灰动作分解

2）扣法：扣法适用于砌近身和较高部位的墙体，人站成并列步。铲灰时以右腿足跟为轴心转向灰斗，转过身来反铲扣出灰条，铲面的运动路线与甩法正好相反，也可以说是一种反甩法，尤其在砌低矮的近身墙时更是如此。扣灰时手心向下，利用手臂的前推力扣落砂浆，其动作形式如图 4-9 所示。

3）泼法：泼法适用于砌近身部位及身体后部的墙体，用大铲铲取扁平状的灰条，提到砌筑面上，将铲面翻转，手柄在前，平行向前推进，泼出灰条，其手法如图 4-10 所示。

（2）砌丁砖时的三种手法

1）砌里丁砖的溜法：溜法适用于砌一砖半墙的里丁砖，铲

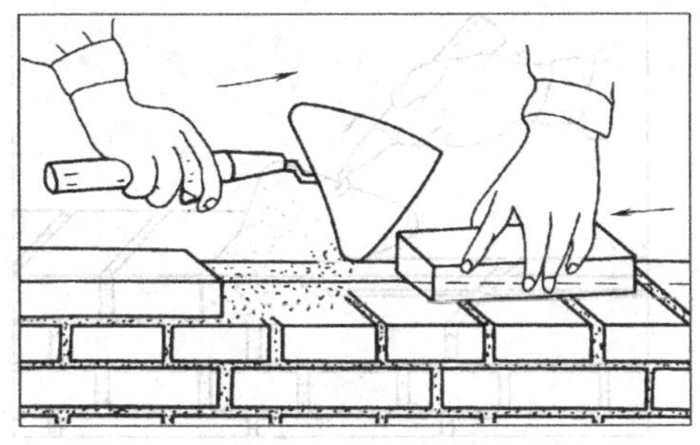

图 4-9　砌条砖“扣”的铺灰动作

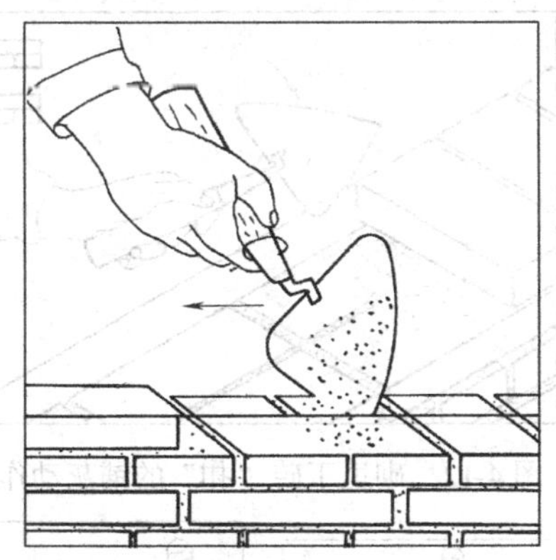

图 4-10　砌条砖“泼”的铺灰动作

取的灰条要求呈扁平状，前部略厚，铺灰时将手臂伸过准线，使大铲边与墙边取平，采用抽铲落灰的办法，如图 4-11 所示。

2）砌丁砖的扣法：铲灰条时要求做到前部略低，扣到砖面上后，灰条外口稍厚，其动作如图 4-12 所示。

3）砌外丁砖的泼法：当砌三七墙外丁砖时可采用泼法。大铲铲取扁平状的灰条，泼灰时落点向里移一点，可以避免反面刮浆的动作。砌离身体较远的砖可以平拉反泼，砌近身处的砖采用正泼，其手法如图 4-13a、b 所示。

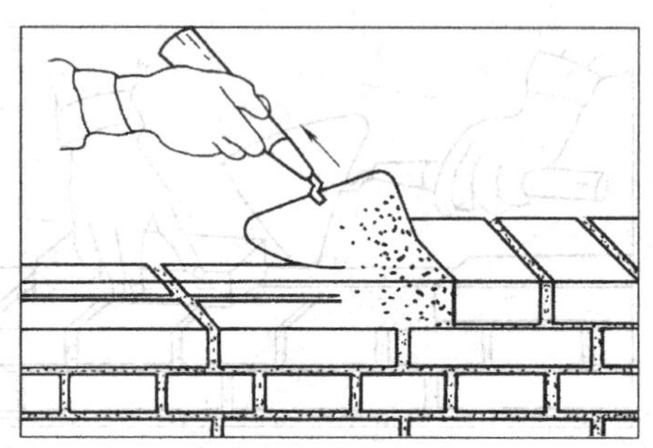

图 4-11　砌里丁砖"溜"的铺灰动作

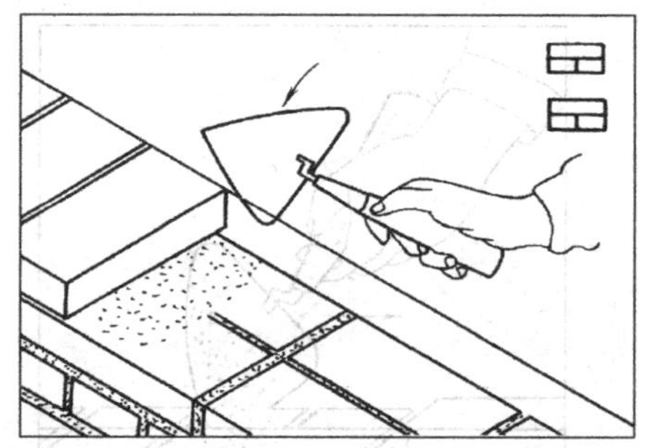

图 4-12　砌里丁砖"扣"的铺灰动作

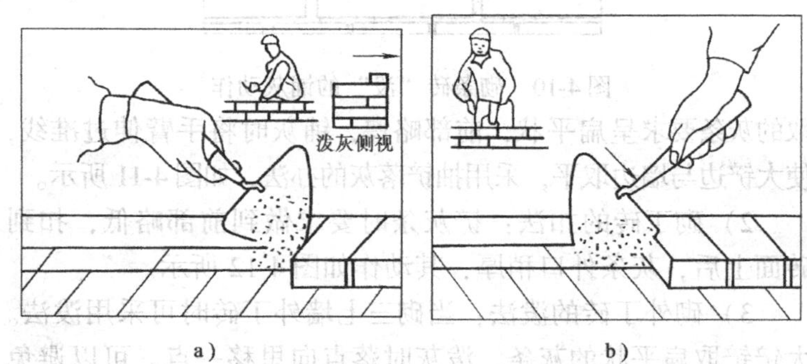

a)　　　　b)

图 4-13　砌里丁砖"泼"的铺灰动作
a）平拉反泼　b）正泼

（3）砌角砖时的溜法 砌角砖时，用大铲铲起扁平状的灰条，提送到墙角部位并与墙边取齐，然后抽铲落灰。采用这一手法可减少落地灰，如图 4-14 所示。

（4）一带二铺灰法 由于砌丁砖时，竖缝的挤浆面积比条砖大一倍，外口砂浆不易挤严，可以先在灰斗处将丁砖的碰头灰打上，再铲取砂浆转身铺灰砌筑，这样做就多了一次打灰动作。一带二铺灰法是将这两个动作合并起来，利用在砌筑面上铺灰时，将砖的丁头伸入落灰处接打碰头灰。这种做法铺灰后要摊一下砂浆，才可摆砖挤浆，在步法上也要作相应变换，其手法如图 4-15a、b 所示。

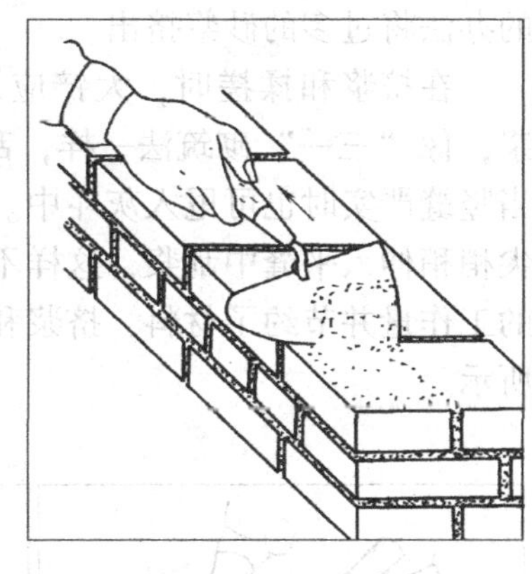

图 4-14 砌角砖“溜”的铺灰动作

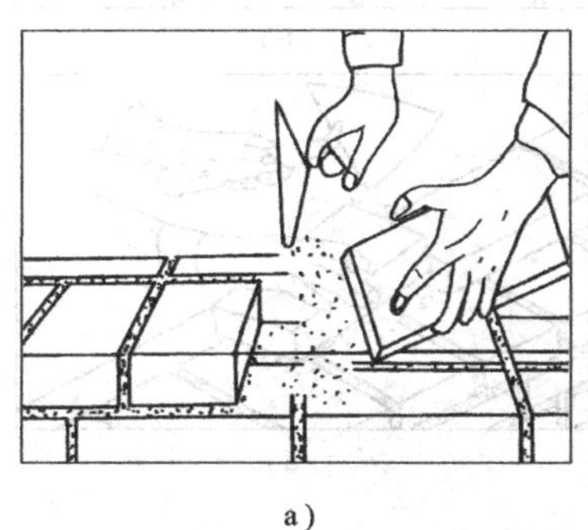

a）

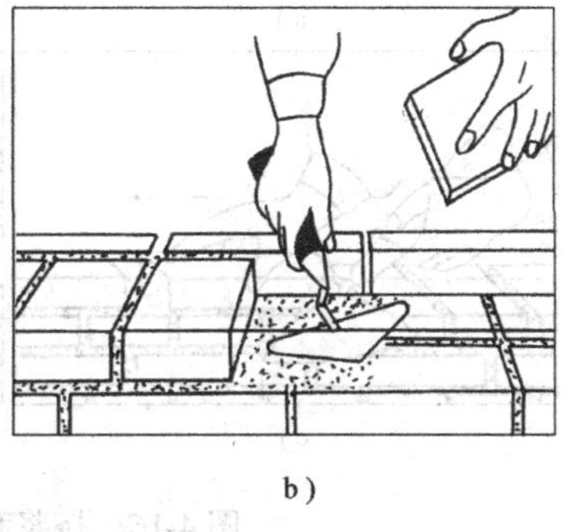

b）

图 4-15 一带二铺灰动作（适用于砌外丁砖）

a）将砖的丁接碰头灰 b）摊铺砂浆

五、一种挤浆动作

挤浆时应将砖落在灰条2/3的长度或宽度处，将超过灰缝厚度的那部分砂浆挤入竖缝内。如果铺灰过厚，可用揉搓的办法将过多的砂浆挤出。

在挤浆和揉搓时，大铲应及时接刮从灰缝中挤出的余浆，像“三一”砌筑法一样，刮下的余浆可以甩入竖缝内，当竖缝严实时也可甩入灰斗中。如果是砌清水墙，可以用铲尖稍稍伸入平缝中刮浆，这样不仅刮了浆，而且减少了勒缝的工作量并节约了材料，挤浆和刮余浆的动作如图4-16a～d所示。

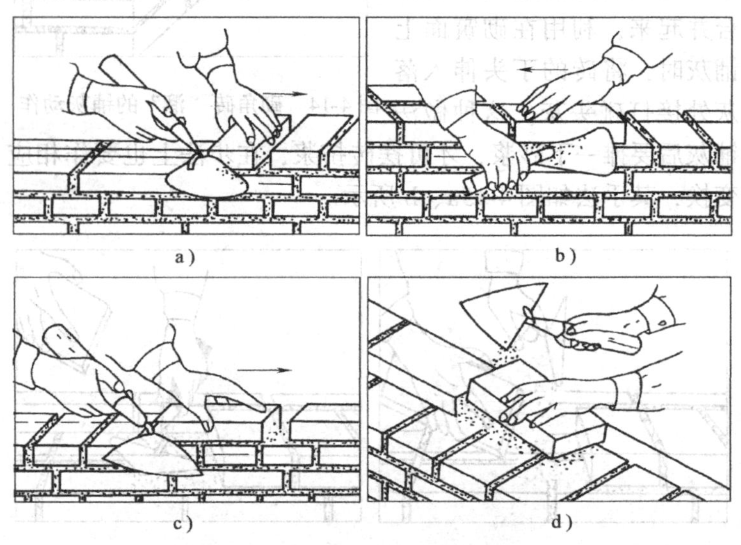

图4-16 挤浆和刮余浆的动作

a）挤浆刮余浆同时砌丁砖 b）砌外条砖刮余浆

c）砌条砖刮余浆 d）将余浆甩入碰头缝内

六、实施“二三八一”操作的条件

“二三八一”操作法把原来的17个动作复合为4个动作，即双手同时铲灰和拿砖→转身铺灰→挤浆和接刮余灰→甩出余灰，大大简化了操作，而且使身体各部分肌肉轮流运动，减少疲劳。

但和“三一”砌筑法一样，必须具备一定的条件，才能很好地实施“二三八一”操作法。

(1) 工具准备　大铲是铲取灰浆的工具，砌筑时，要求大铲铲起的灰浆刚好能砌一块砖，再通过各种手法的配合才能达到预期的效果。铲面呈三角形，铲边弧线平缓，铲柄角度合适的大铲才便于使用。可以利用废带锯片根据个人的生理条件自行加工。

(2) 材料准备　砖必须浇水达到合适的程度，即砖的里层吸够一定水分，而且表面阴干。一般可提前1~2d浇水，停半天后使用。吸水合适的砖，可以保持砂浆的稠度，使挤浆顺利进行。

砂子一定要过筛，不然在挤浆时会因为有粗颗料而造成挤浆困难。除了砂浆的配合比和稠度必须符合要求外，砂浆的保水性也很重要，离析的砂浆很难进行挤浆操作。

(3) 操作面的布置　同“三一”砌筑法的要求。

(4) 加强基本功的训练　要认真推行“二三八一”操作法，初级砌筑工必须在有经验的中级砌筑工的指导下认真而反复地进行训练和操作，才能熟练而准确地掌握这种操作技术。本法对于砌筑工的初学者，由于没有习惯动作，训练起来见效更快，一般经过3个月的训练就基本可达到日砌1500块砖的效率。

第四节　操作要领及注意事项

上面介绍了砌砖的各种操作方法，各有优缺点。在施工中，应根据不同砌体的特点和要求，适当地选择砌筑操作方法。但无论哪种方法都必须掌握如下基本操作要领和注意事项。

（1）选砖　砌筑中必须学会选砖，尤其是砌清水墙面。砖面的选择很重要，砖选好，砌出的墙好看；选不好，砌出的墙粗糙难看。选砖时，当一块砖拿在手中用手掌托起时，将砖在手掌上旋转（俗称滑砖）或上下翻转，在转动中察看哪一面完整无损。有经验者，在取砖时，挑选第一块砖就选出第二块砖，做到“执一备二眼观三”，动作轻巧自如，得心应手，才能砌出整齐美观的墙面。当砌清水墙时，应选用规格一致颜色大致相同的砖，把表面方整光滑不弯曲和不缺棱掉角的砖放在外面，砌出的墙才能颜色灰缝一致。因此，必须练好选砖的基本功，才能保证砌筑墙体的质量。

（2）放砖　砌在墙上的砖必须放平。往墙上按砖时，砖必须均匀水平地按下，不能一边高一边低，造成砖面倾斜。如果养成这种不好的习惯，砌出的墙会向外倾斜（俗称往外张或冲）或向内倾斜（俗称向里背或眠）。也有的墙虽然垂直，但因每皮砖放不平，每层砖出现一点马蹄棱，形成鱼鳞墙，使墙面不美观，而且影响砌体强度。

（3）跟线穿墙　砌砖必须跟着准线走，俗语叫“上跟线，下跟棱，左右相跟要对平”。就是说砌砖时，砖的上棱边要与线约离1mm，下棱边要与下层已砌好的砖棱平，左右前后位置要准。当砌完每皮砖时，看墙面是否平直，有无高出、低洼、拱出或拱进准线的现象，有了偏差应及时纠正。

不但要跟线，还要做到用眼“穿墙”。即从上面第一块砖往下穿看，穿到底，每层砖都要在同一平面上，如果有出入，应及时修正。

（4）自检　在砌筑中，要随时随地进行自检。一般砌三层砖用线锤吊一次大角直不直，五层砖用靠尺靠一次墙面垂直平整度，俗语叫“三层一吊，五层一靠”。当墙砌起一步架时，要用托线板全面检查一下垂直及平整度，特别要注意墙大角要绝对垂直平整，发现有偏差应及时纠正。

（5）不能砸不能撬　砌好的墙千万不能砸不能撬。如果墙面砌出鼓肚，用砖往里砸使其平整，或者当墙面砌出洼凹，往外撬砖，都不是好习惯。因为砌好的砖墙，砂浆与砖很快就粘接，甚至砂浆已凝固，经砸和撬以后，砖面活动，粘接力破坏，墙就不牢固，如发现墙有大的偏差，应拆掉重砌，以保证质量。

（6）留脚手眼　砖墙砌到一定高度时，就需要脚手架。当使用单排立杆架子时，它的排木的一端就要支放在砖墙上。为了放置排木，砌砖时就要预留出脚手眼。一般在1m高处开始留，间距1m左右一个。脚手眼孔洞见图4-17。采用铁排木时，在砖墙上留一砖丁头大小孔洞即可，不必留大

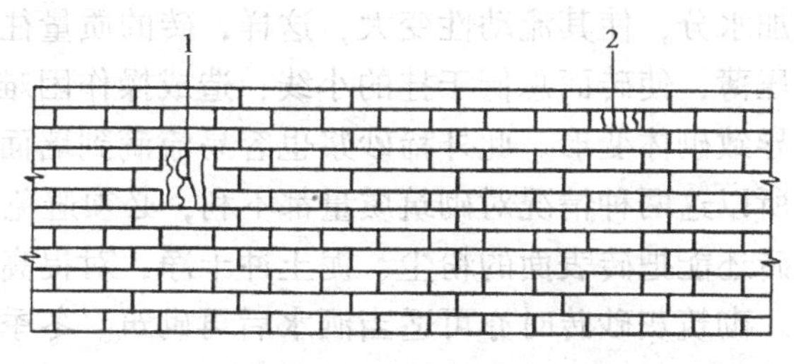

图4-17　留脚手眼

1—木排木脚手眼　2—铁排木脚手眼

孔洞。对脚手眼的位置不能随便乱留，必须符合质量要求中的规定。

(7) 留施工洞口　在施工中经常会遇到管道通过的洞口和施工用洞口。这些洞口必须按尺寸和部位进行预留。不允许砌完砖后凿墙开洞。凿墙开洞振动墙身，会影响砖墙的强度和整体性。对大的施工洞口，必须留在不重要的部位。如窗台下的墙可暂时不砌，作为内外通道用；或在山墙（无门窗的山墙）中部预留洞，其形式是高度不大于2m，下口宽1.2m 左右，上头成尖顶形式，才不致影响墙的受力。

(8) 浇砖　在常温施工时，使用的黏土砖必须在砌筑前1~2d 浇水浸湿，一般以水浸入砖四边 15mm 左右为宜。不要当时用当时浇，更不能在架子上及地槽边浇砖，防止造成塌方或架子增加重量而沉陷。

浇砖是砌好墙的重要一环。如果用干砖砌墙，砂浆中的水分会被干砖全部吸去，使砂浆失水过多，不易操作，也不能保证水泥硬化所需的水分，从而影响砂浆强度的增长，对整个砌体的强度和稳定性都不利。反之，如果把砖浇得过湿或当时浇砖当时砌墙，表面水还未能吸进砖内，这时砖表面水分过多，形成一层水膜，这些水在砖与砂浆粘接时，反使砂浆增加水分，使其流动性变大，这样，砖的质量往往容易把灰缝压薄，使砖面总低于挂的小线，造成操作困难，更严重的会导致砌体变形。此外稀砂浆也容易流滴到墙面上弄脏墙面。所以这两种情况对砌筑质量都不利，必须避免。

浇砖还能把砖表面的粉尘、泥土冲干净，对提高砌筑质量有利。砌筑灰砂砖时亦可适当洒水后再砌筑。冬季施工由于浇水砖会发生冰冻，在砖表面结成冰膜不能和砂浆很好结合，此外冬季水分蒸发量也小，所以冬季施工一般不要浇砖。

（9）文明操作　砌筑时要保持清洁，文明操作。混水墙要当作清水墙来砌。每砌至十层砖高（白灰砂浆可砌完一步架），场面必须用刮缝工具划好缝，划完后用扫帚扫净墙面。在铺灰挤浆时注意墙面清洁，不能污损墙面。砍砖头不要随便往下砍扔，以免伤人。落地灰要随时收起，做到工完、料净、场清，确保墙面清洁美观。

综上所述，砌砖操作要点概括为："横平竖直，注意选砖，灰缝均匀，砂浆饱满，上下错缝，咬槎严密，上跟线，下跟棱，不游丁，不走缝"。

总之，要把墙砌好，除了要掌握操作的基本知识、操作规则以及操作方法外，还必须在实践中注意练好基本功，好中求快，逐渐达到动作快、质量好、效率高的程度。

课题五

砖石基础的砌筑

第一节　砖基础砌筑的基本知识

基础位于房屋的最下层，是房屋地面以下的承重结构，它承担着上部传来的全部荷载，并将房屋的荷载传到地基，因此要求基础有足够的强度、刚度和稳定性。满足强度、刚度和稳定性要求的基础，不仅与基础上部的房屋结构形式和荷载大小有关，而且也和基础下部的土质情况以及地基的承载能力有关。

一、砖基础的构造

1. 垫层

为了使地基与基础有较好的接触面，能把基础承受的荷载比较均匀地传给地基，在基础底部应设置垫层，垫层按其使用材料不同分为灰土垫层、碎砖三合土垫层和混凝土垫层。

（1）灰土垫层　一般适用于地下水位低、基槽干燥的地基，通常灰与土的体积比（石灰与黏土的比例）为3∶7。这种垫层施工简便，费用较低。灰土中掺用的土应尽量采用基槽中挖出的土，但应弃掉表面耕植土，使用前过筛，其粒径不大于15mm。石灰宜用块灰，使用前浇水粉化并过筛，拌和时应按体积比搅拌均匀，颜色应一致。灰土应有一定的含水量，太干、太湿都不易夯实。一般合适的含水量是以手紧握成团、两指轻捏即碎为宜。

灰土分段施工时，其接槎不得留在柱基、墙角和承重的窗间墙下；上下两层灰土接槎间距不小于500mm；虚铺厚度一般为200～250mm，夯实后为150～200mm；夯实后的灰土应防止日晒雨淋。

（2）碎砖三合土垫层　一般用石灰、砂和碎砖按体积比为1∶2∶4或1∶3∶6配成。石灰提前粉化；砂为中、粗砂；碎砖用废砖敲碎，粒径20～60mm。拌和后分层夯打，每层打至150mm厚，最后一遍浇浓石灰砂浆一层，略干后铺砂，平整夯实后砌基础。

（3）混凝土垫层　混凝土垫层应该按设计的混凝土标号进行浇筑，在浇筑前应做好基层的清理。

2. 基础大放脚

普通砖基础是用烧结普通砖与砂浆砌筑而成的。普通砖的条形基础由垫层、大放脚和基础墙组成，基础墙与房屋的墙身宽度相同，大放脚就是基础墙下面的扩大部分，有等高式大放脚基础和不等高式（也叫间隔式）大放脚基础。等高式大放脚基础是两皮一收，每收一次两边各收进1/4砖长；不等高式大放脚基础是两皮一收与一皮一收相间隔，每收一次两边各收进1/4砖长，见图5-1。大放脚基础的底宽应根据设计而定，大放脚各皮的宽度应为半砖长的整数倍数（包括灰缝）。

3. 基础防潮层

在基础墙的顶面应设防潮层，防潮层宜用1∶2.5水泥砂浆加适量的防水剂铺设；其厚度一般为20mm，位于底层室内地面以下一皮砖处，也就是在离底层室内地面下60mm

处。防潮层设置的正确和错误做法如图 5-2a～c 所示。

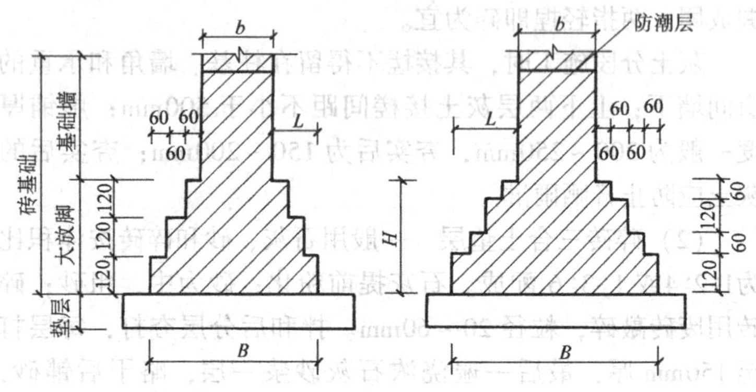

图 5-1 大放脚基础的构造

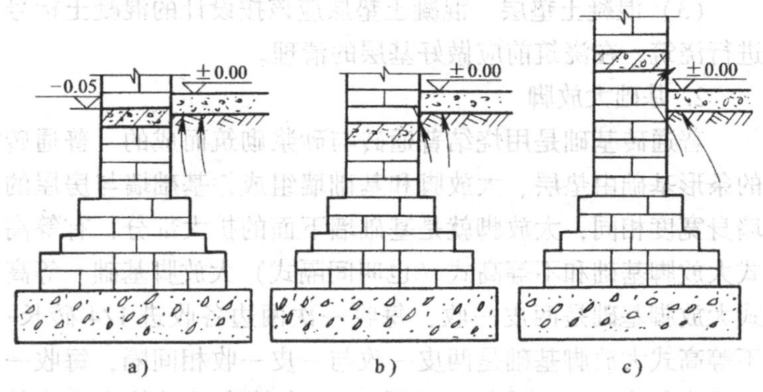

图 5-2 基础防潮层的设置

a）正确 b）不正确 c）不正确

二、基础砌筑前的准备

1. 材料准备

(1) 砖的准备 基础砌筑用砖主要是烧结普通砖，砖的尺寸、品种、强度等级必须符合设计要求。基础埋入地下经常受潮，而砖的抗冻性差，所以砖基础的材料一般用 MU10 砖、M5 水泥砂浆。砖应该提前 1～2d 浇水湿润，烧结普通砖、多孔砖的含水率一般为 10%～15%，通常按 $1m^3$ 烧结普通砖（1600～1800kg）均匀浇水 170～250kg 为宜。

（2）砂浆的拌制　砂浆的配合比应采用质量比，并应经试验确定，水泥称量精确度控制在 ±2% 以内，其他材料的称量控制在 ±5% 以内；对于水泥砂浆和水泥混合砂浆必须在拌制后 3～4h 内用完。砂浆的技术性能及砂浆强度等必须满足设计的要求。每一个施工段或 $250m^3$ 砌体，每一种砂浆应制作 1 组（6 块）试块。

2. 技术准备

（1）检查基槽和轴线　基础砌筑前，应根据龙门板的中心钉或者基础边钉进行拉线吊锤，检查基槽的宽度、深度及垫层是否符合设计或者规范的要求，并用钢尺校核放线尺寸，房屋轴线长度误差不应超过表 5-1 的规定。

表 5-1　轴线长度允许误差

轴线长度 L/m	允许误差/mm
$L \leqslant 30$	±5
$30 < L \leqslant 60$	±10
$60 < L \leqslant 90$	±15
$L > 90$	±20

（2）垫层的清理和找平　基础垫层表面如有局部不平、高差超过 30mm 处应用 C15 以上的碎石混凝土找平后再砌筑，不能仅用砂浆填平。基槽内有地下水或被雨水浸泡时，应将槽内的水排除，并将浮泥刮净露出原土层。如有垫层应按图样检查垫层是否符合要求，并将垫层清理干净。

（3）基础放线　在基槽四角各相对龙门板的轴线标钉上拴上白线挂紧，沿白线挂线锤，找出白线在垫层面上的投影点，把各投影点连接起来，即为基础的轴线。在垫层上弹上墨线。如果基础下没有垫层，无法弹线，可将中线或基础边线用大钉子钉在槽沟边或基底上，以便挂线。

（4）设置皮数杆　皮数杆一般用方木或者角钢制作，制作时应根据设计要求、砖的规格和灰缝厚度在皮数杆上标明皮数和竖向构造的变化部位。基础皮数杆的位置，应设在基础的转角和内外墙基础交接处及高低踏步处，基础皮数杆上应注明大放脚的皮数、退台、基础的底标高、顶标高以及防潮层的位置。如果相差不大，可在大放脚砌筑过程中逐皮调整，灰缝可适当加厚或减薄（俗称提灰或杀灰），但要注意在调整时防止砖错层。

第二节　砖基础的砌筑

一、砌筑工艺顺序

准备工作→拌制砂浆→确定组砌方法→排砖摆底→收退（放脚）→基础墙→检查→抹防潮层→结束。

二、砌筑操作要点

1. 砖基础大放脚组砌方法

根据砖基础的一般构造，等高式大放脚每两皮砖每边收进60mm，不等高式大放脚的第一个台阶两皮砖每边收进60mm，第二个台阶一皮砖每边收进60mm，以此类推（图5-1）。

2. 砖基础大放脚的砌筑排砖摆底

当设计没有具体规定时，大放脚及基础墙一般采用一顺一丁的组砌方式。在基础砌筑时，由于要进行大放脚和收台阶的操作，砌筑时相对墙身来说要复杂一些。由图 5-1 可知，大放脚基底宽度可以按下式计算：

$$B = b + 2L$$

式中 B——大放脚宽度（mm）；

b——正墙身宽度（mm）；

L——基础收进的宽度（mm）。

实际应用时，还要考虑灰缝的宽度；大放脚基底宽度计算好后，即可进行排砖摆底。排砖就是按照基底尺寸线和已定的组砌方式，把砖在一定长度内整个干摆一层。排砖时应该考虑竖缝的宽度，一般情况下，要求山墙摆成丁砖，檐墙摆成顺砖，即所谓“山丁檐跑”。

因为建筑设计的尺寸是以 100mm 为模数的，而砖是以 125mm 为模数的，两者是有矛盾的，这个矛盾要通过排砖来解决。在排砖中要把转角、墙垛、洞口、交接处等不同部位排得既符合砖的模数，又符合设计的尺寸，要求接槎合理、操作方便。排砖是通过调整竖缝大小来解决设计模数和砖模数的矛盾的。

排砖结束后，用砂浆把干摆的砖砌起来，叫做摆底。对摆底的要求：一是不能改变已排好的砖的平面位置，要一铲灰一块砖的砌筑；二是必须严格与皮数杆标准砌平，偏差过大的要在准备阶段处理完毕。一般来说，10mm 左右的偏差可以用调整砂浆灰缝的厚度来解决，但是，必须先在大角按皮数杆砌好后，拉好拉紧准线，才能使摆底砌筑全面铺开。

排砖摆底工作的好坏影响到整个基础的质量。初学者应该在师傅的指导下，逐步掌握排砖摆底的砌筑技术。方法如下：

（1）一砖墙身六皮三收等高式大放脚的做法　此种大放

脚共有三个台阶，每个台阶的宽度为 1/4 砖长，即 60mm。按 $B = b + 2L$ 式进行计算，得到基底宽度为 $B = 240\text{mm} + 2 \times 180\text{mm} = 600\text{mm}$；考虑到竖缝厚实际应为 615mm，即两砖半宽。其组砌方式如图 5-3 所示。

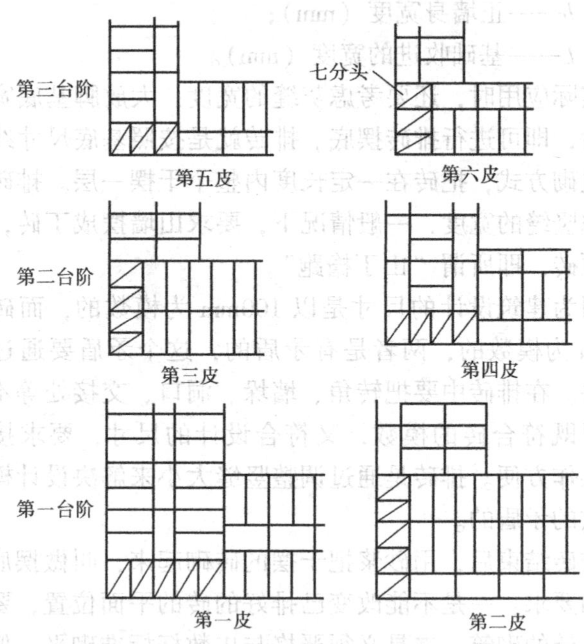

图 5-3　六皮三收大放脚等高式台阶排砖方法

（2）一砖墙身六皮四收等高式大放脚的做法　根据公式 $B = b + 2L$ 进行计算，$B = 240\text{mm} + 60\text{mm} \times 4 \times 2 = 720\text{mm}$；考虑竖缝后实际应为 740mm。其组砌方式如图 5-4 所示。

以上只是将砖砌体砌筑工程中常见的情况举了几个例子，实际的基础形式还有很多，希望初学者能够在师傅的指导下，学会各种大放脚的砌筑。

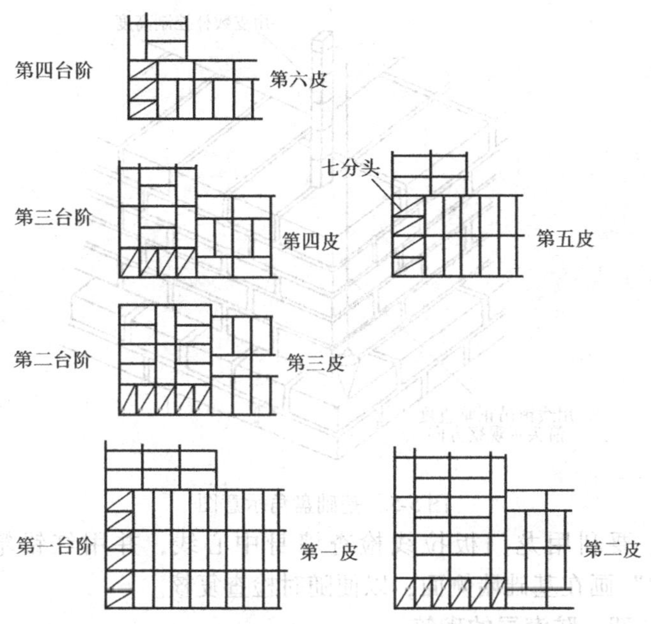

图 5-4　六皮四收等高式大放脚台阶排砖方法

三、砖基础的盘角砌筑

1. 砖基础的盘角

盘角就是在房屋的转角、大角处砌好墙角。每次盘角的高度一般不得超过五皮砖，并用线锤检查垂直度，同时要检查其与皮数杆的相符情况，如图 5-5 所示。基础盘角的关键是墙角的垂直和平整度要严格按照皮数杆控制灰缝厚度及墙的高度。

2. 砖基础的收台阶

基础大放脚是要收台阶的，每次收台阶都必须用卷尺量准尺寸，中间部分的砌筑应以大角处准线为依据，不能用目测或砖块比量，以免出现误差。收台阶结束后，砌基础墙

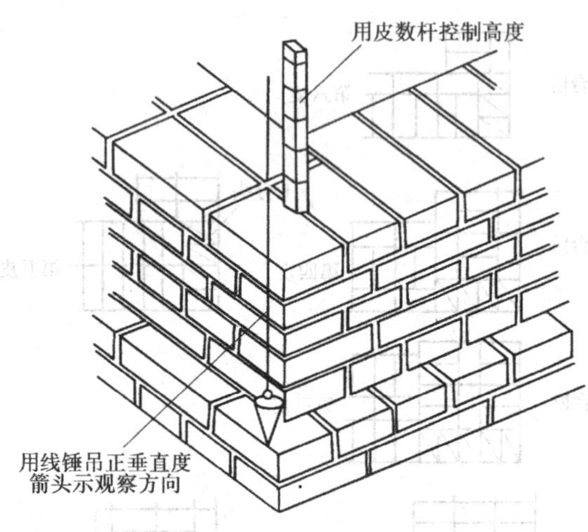

图 5-5　基础盘角示意图

前，要利用龙门板拉线检查墙身中心线，并用红铅笔将“中”画在基础墙侧面，以便随时检查复核。

四、防潮层的砌筑

基础防潮层应在基础墙全部砌到设计标高后才能施工，最好能在室内回填土完成以后进行。如果基础墙顶部有钢筋混凝土地圈梁，则可代替防潮层，如果没有地圈梁，则必须做防潮层。防潮层应参照图 5-2 的要求进行砌筑，防潮层应作为一道工序来单独完成，不允许在砌墙砂浆中添加一些防水剂进行砌筑来代替防潮层。防潮层所用砂浆一般采用 1∶2 水泥砂浆加入水泥重量的 3% ~5% 的防水剂搅拌而成。如使用防水粉，应先把粉剂加水搅拌成均匀的稠浆后添加到砂浆中去。

抹防潮层时，应先在基础墙顶的侧面抄出水平标高线，然后用直尺夹在基础墙两侧，尺面按水平线找准，然后摊铺砂浆，待初凝后再用木抹子收压一遍，做到平、实，表面为毛面。

五、基础砌筑的注意事项

1）如有抗震缝、沉降缝时，缝的两侧应按弹线要求分开砌筑。砌筑时缝隙内落入的砂浆要随时清理干净，保证缝道通畅。

2）基础分段砌筑必须留踏步槎，分段砌筑的高度相差不得超过 1.2m。

3）基础大放脚应错缝，利用碎砖和断砖填心时，应分散填放在受力较小的、不重要的部位。

4）预留孔洞应留置准确，不得事后开凿。

5）基础灰缝必须密实，以防止地下水的浸入。

6）各层砖与皮数杆要保持一致，偏差不得大于 ±10mm。

7）管沟和预留孔洞的过梁，其标高、型号必须安放正确，座灰饱满，如座灰厚度超过 20mm 时应用细石混凝土铺垫。

8）搁置暖气沟盖板的挑砖和基础最上一皮砖均应用丁砖砌筑，挑砖的标高应一致。

9）地圈梁底和构造柱侧应留出支模用的“穿杠洞”，待拆模后再填补密实。

第三节　毛石基础的砌筑

一、毛石基础砌筑的技术准备

1. 检查放线

在砌筑前，应先弄清图样，了解基础断面形式是台阶形还是梯形。然后按图样要求核查龙门板的标高、轴线位置、基槽的宽度和深度，清除槽内杂物、污泥、积水，再在槽内撒垫石碴进行夯实。还应及时修正偏差和修整基槽的边坡。

毛石基础大放脚应放出基础轴线和边线，立好基础皮数杆，皮数杆上标明退台及分层砌石的高度，皮数杆之间要拉上准线。阶梯形基础还应定出立线和卧线，立线是控制基础大放脚每阶的宽度，卧线是控制每层高度及平整度，并逐层向上移动，如图5-6所示。

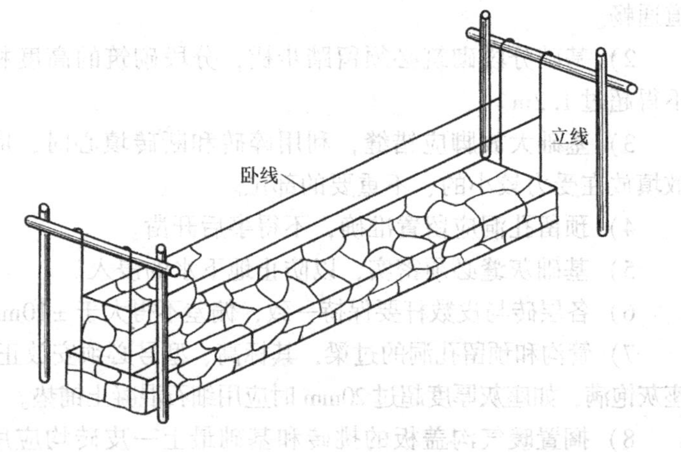

图 5-6　立线和卧线

2. 基础或垫层标高修正

毛石基础大放脚垫层标高修正同砖基础。如在地基上直接砌毛石，则应将基底标高清修，以符合设计要求。

二、毛石基础砌筑的操作要点

1. 毛石基础的摆底

毛石基础大放脚，应根据放出的边线进行摆底工作。与砖基础大放脚相似，毛石基础大放脚的摆底，关键要处理好大放脚的转角，做好檐墙和山墙丁字相交接槎部位的处理。大角处应选择比较方正的石块（俗称放角石）砌筑。角石应三个面比较平整、外形比较方正，并且高度适合大放脚收退的断面高度。角石立好后，以此石厚为基准把水平线挂在石厚高度处，再依线摆砌外皮毛石和内皮毛石，此两种毛石要有所选择，至少有两个面较平整，使底面窝砌平稳，外侧面平齐。外皮毛石摆砌好后，再填中间的毛石（俗称腹石）。

2. 毛石基础的收退

毛石基础收退应掌握错缝搭砌的原则。第一个台阶砌好后应适当找平，再把立线收到第二个台阶，每阶高度一般为300～400mm，并至少二皮毛石，第二阶毛石收退砌筑时，要拿石块错缝试摆，上级阶梯的石块应至少压砌下级阶梯的1/2，相邻阶梯的毛石应相互错缝搭砌，阶梯形毛石基础每阶收退宽度不应大于200mm，如图5-7a、b所示。

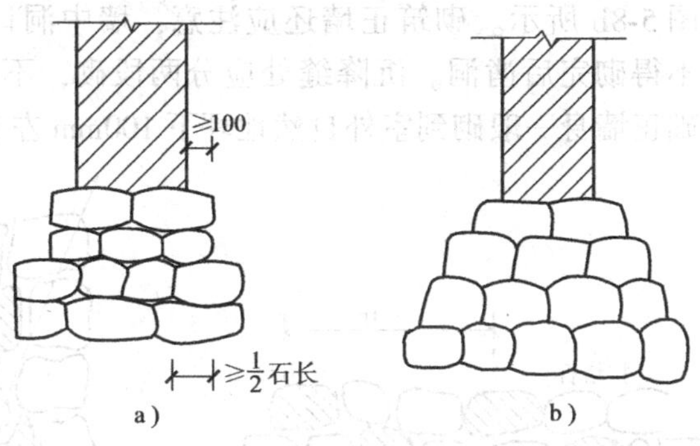

图5-7　毛石基础
a）阶梯形　b）梯形

每砌完一级台阶（或一层），其表面必须大致平整，不可有尖角、驼角、放置不稳等现象。如有高出标高的石尖，可用手锤修正。毛石底座浆应饱满，一般砂浆先虚铺40～50mm厚，然后把石块砌上去，利用石块的重量把砂浆挤摊开铺满石块底面。

3. 毛石基础的正墙

毛石基础大放脚收退到正墙身处，同样应做好定位和抄平工作，并引中心至大脚顶面和墙角侧边，再分出边线。基础正墙主要依据基础上的墨线和在墙角处竖立的标高杆（相当于砌砖墙的皮数杆）进行砌筑。

毛石墙基正墙砌筑，要求确保墙体的整体性和稳定性，不应有干垫和双垫，每一层石块和水平方向间隔 1m 左右，要砌一层贯通墙厚压住内外皮毛石的拉结石（亦称满墙石），如果墙厚大于 400mm，至少压满墙厚 2/3 能拉住内外石块，如图 5-8a 所示。上下层拉结石呈现梅花状互相错开，防止砌成夹心墙。夹心墙严重影响墙体的牢固和稳定，对质量很不利，如图 5-8b 所示。砌筑正墙还应注意，墙中洞口应预留出来，不得砌完后凿洞。沉降缝处应分两段砌，不应搭接。毛石基础正墙身一般砌到室外自然地坪下 100mm 左右。

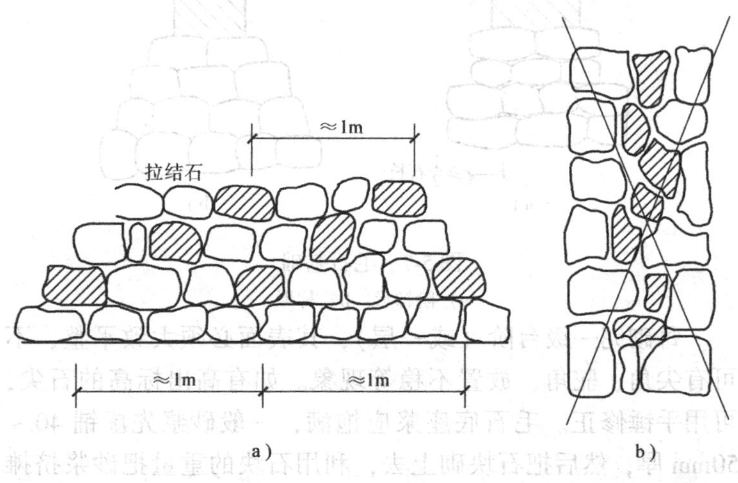

图 5-8　正墙砌筑拉结石形式

a）拉结石立面位置图　b）夹心墙

4. 抹找平层和结束毛石基础

毛石基础正墙身的最上一皮应选用较为直长、上表面平整的毛石作为顶砌块，顶面找平一般抹 50mm 厚的 C20 细石混凝土，基表面要加防水剂抹光。基础墙身石缝应用小抿子嵌填密实、找平结束即完成毛石基础的全部工作，正墙表面应加强养护。

第四节　砖石基础砌筑的质量标准和应预控的质量问题

一、砖基础的质量标准

1. 保证项目

1）砖的品种、强度等级必须符合设计要求，并应规格一致。

2）砂浆的品种必须符合设计要求，强度必须符合下列规定：

① 同一验收批砂浆试块的平均抗压强度必须大于或等于设计强度。

② 同一验收批砂浆试块的抗压强度的最小一组平均值必须大于或等于设计强度的 0.75 倍。

3）砌体砂浆必须密实饱满，实心砌体水平灰缝的砂浆饱满度不小于 80%。

4）外墙的转角处严禁留直槎，其他的临时间断处，留槎的做法必须符合施工验收规范的规定。

2. 基本项目

1）砌体上下错缝：每 3～5m 之间有通缝不超过 3 处；混水墙中，长度大于或者等于 300mm 的通缝每间不超过 3 处，且不得在同一墙面上。

2）砌体接槎处灰浆密实，砖缝及砖平直。水平灰缝厚度应为10mm左右，不小于8mm，也不应大于12mm。

3）预埋拉结筋的数量、长度均应符合设计要求和施工验收规范规定。

4）构造柱位置留置应正确，大马牙槎要先退后进，残留砂浆要清理干净。

3. 允许偏差项目

1）轴线位置偏移：用经纬仪或拉线检查，其偏差不得超过±10mm。

2）基础顶面标高：用水准仪和尺量检查，其偏差不得超过±15mm。

3）预留构造柱的截面：允许偏差不得超过±15mm，用尺量检验。

4）表面平整度和水平灰缝直线度均应符合要求。

二、毛石基础的质量标准

1. 保证项目

1）石料的质量、规格必须符合设计要求和施工验收规范规定。

2）砂浆品种必须符合设计要求，强度要求同设计对基础的规定。

3）转角处必须同时砌筑，交接处不能同时砌筑时必须留斜槎，留槎高度以每次1m为宜，一次到顶的留槎是不允许的。

2. 基本项目

1）毛石砌体组砌形式应符合以下规定：内外搭砌，上下错缝，拉结石、丁砌石交错设置，分布均匀；毛石分皮卧砌，无填心砌法，拉结石每0.7m^2墙面不少于1块。

2）墙面勾缝应符合以下规定：勾缝密实，粘接牢固，墙面清洁，缝条光洁、整齐清晰美观。

3. 允许偏差项目

1）轴线位置偏移不超过 20mm。

2）基础和墙砌体顶面标高偏差为 ±25mm。

3）砌体厚度偏差为 +3mm 或 -10mm。

三、基础砌筑应预控的质量问题

1. 砂浆强度不稳定

影响砂浆强度的因素主要有计量不准，原材料质量变动，塑化材料的稠度不准而影响到掺入量，外加剂掺入量不准确，砂浆试块的制作和养护方法不当等。

预控的方法是：加强原材料的进场验收，不合格或质量较差的材料进场后要立即采取相应的技术措施；对计量器具进行检测，并对计量工作派专人监控；调整搅拌砂浆时的加料顺序，使砂浆搅拌均匀，对砂浆试块应有专人负责制作和养护。

2. 基顶标高不准

基顶标高不准的主要原因有：基底或垫层标高不准，钉好皮数杆后又没有用细石混凝土找平偏差较大的部位；在砌筑时，两角的人没有通好气，造成两端错层，砌成螺纹墙；或者小皮数杆设置得过于偏离中心，基础收台阶结束后，小皮数杆远离基础墙，失去实用意义。

预控的方法是：在操作时必须按要求先用细石混凝土找平，摆底时要摆平。小皮数杆应用 20mm 见方的小木条制作，一则可以砌在基础内，二则也具有一定的刚度，避免变形。基础砌筑前，要用水准仪复核小皮数杆的标高，防止因皮数杆不平而造成基顶不平。

3. 基础墙身位移过大

基础墙身位移过大的主要原因是大放脚两边收退不均匀或者收退尺寸不准；其次是砌筑前和收台阶结束后没有拉线检查轴线和边线；第三是中间隔墙没有龙门板，在砌筑时，用卷尺量出的轴线和边线有误差，而导致砌筑时墙身垂直偏差过大。

预控的方法是：在建筑定位放线时，必须钉设足够的龙门板和中心桩。大放脚两边收退应用尺量收退，使其收退均匀，不得采用目测和砖块比量的方法。基础收退到正墙时必须复准轴线后砌筑，正墙还应经常对墙身垂直度进行检查，要求盘头角时每5皮砖吊线检查一次，以保证墙身垂直度。

4. 墙面平整度偏差过大

墙面平整度偏差过大的主要原因是一砖半以上的墙体未双面挂线砌筑，还有砖墙挂线时跳皮挂线，另外还有舌头灰未刮清和毛石表面不平整所致。

预控的方法是：砖墙砌筑挂线应皮皮挂线不应跳皮挂线，一砖半以上墙必须双面挂线。砌筑还要随砌随清舌头灰，做到砖墙不碰线砌筑。对表面不平的毛石面应砌筑前修正，避免凹进凸出。

5. 基础墙交圈不平

基础墙交圈不平的主要原因有水平抄平时，皮数杆木桩不牢固、松动，或者皮数杆立好后水平标高的复验工作不够，皮数杆不平引起基础交圈不平或者扭曲。

预控的方法是：砌筑时应在每个立皮数杆的位置上抄好水平，立皮数杆的木桩应牢固、无松动，并且立好的皮数杆应全部复核检查符合要求后才可使用。

6. 留槎与接槎不符合规范

基础砌体的转角处和交接处应同时砌筑，因此在基础大放脚摆底时应尽量安排使内外墙体同时砌筑，对不能同时砌筑而又必须留置的临时间断处应砌成斜槎。砖砌体的斜槎长度不应小于高度的2/3。如临时间断处留斜槎确有困难时，除转角外也可留直槎，但必须做成阳槎，并加设拉结筋，拉结筋加设应符合施工规范要求和抗震规范要求。

7. 水平灰缝高低和厚薄不匀

这一问题主要反映在砖基础大放脚砌筑上，要防止水平灰缝高低和厚薄不匀问题产生，应做到盘角时灰缝均匀，每层砖要与皮数杆对平。砌筑时要左右照顾，线要收紧，挂线过长时，中间应进行腰线，使挂线平直。

8. 埋入件和拉结筋位置不准

主要原因是没有按设计规定施工，小皮数杆上没有标示。因此，砌筑前要询问是否有埋入件，是否有预留的孔洞，并搞清楚位置和标高。砌筑过程中要加强检查。

9. 基础防潮层失效

防潮层施工后出现开裂、起壳甚至脱落，以致不能有效地起到防潮作用。造成这种情况的原因是抹防潮层前没有做好基层清理，因碰撞而松动的砖没有补砌好，砂浆搅拌不均匀或未做抹压，防水剂掺入量超过规定等。

防止办法是应将防潮层作为一项独立的工序来完成。基层必须清理干净和浇水湿润，对于松动的砖，必须凿除灰缝砂浆，重新补砌牢固。防潮层砂浆收水后要抹压，如果以地圈梁代替防潮层，除了要加强振捣外，还应在混凝土收水后抹压。砂浆的拌制必须均匀。当掺加粉状防水剂时，必须调成稀糊状后加入，掺入量应该准确，如用干料直接加入，可能造成结团或防水剂漂浮在砂浆表面而影响砂浆的均匀性。

10. 基础根部不实

主要表现在地基松软不实，土壤表面有杂物，基础底皮石材局部嵌入土中，上皮石材明显未做实。这是由于地基处理草率、底层石材过小或将尖棱短边朝下，基础完成后未及时回填土，基槽浸水后地基下陷等原因造成的。

预控的方法是：必须认真处理地基，做好验收工作，基础砌筑时要按操作规程进行；基础砌筑好后要及时回填土。

11. 大放脚上下层未压砌

大放脚收台阶处所砌石材未压在下皮石材上，下皮石缝外露，影响基础传力。产生这种质量问题除了操作中的原因外，还有毛石规格不符合要求、尺寸偏小、未大小搭配等。

预控的方法是：要严格遵守砌筑的操作规程，对毛石的尺寸选择应与大放脚尺寸相匹配。

第五节　基础砌筑的安全要求

基础砌筑时除了应遵守建筑工地常规安全要求外，还必须做到以下几点：

(1) 对基槽、基坑的要求　基槽、基坑应视土质和开挖深度留设边坡，如因场地狭小，不能留设足够的边坡，则应支撑加固。基础摆底前还必须检查基槽或基坑，如有塌方危险或支撑不牢固，要采取可靠措施后再进行工作。工作过程中要随时观察周围土壤情况，发现裂缝和其他不正常情况时，应立即离开危险地点，采取必要措施后才能继续工作。基槽外侧1m以内严禁堆物。人进入基槽工作应有上下设施(踏步或梯子)。

(2) 材料运输　搬运石料时，必须起落平稳，两人抬运应步调一致，不准随意乱堆。向基槽内运送石料或砖块，应尽量采用滑槽，上下工作要相互联系，以免伤人或损坏墙基和土壁支撑。当搭跳板（又称铺道）或搭设运输通道运送材料时，要随时观察基槽（坑）内操作人员，以防砖石块等掉落伤人。

（3）取石　在石堆上取石，不准从下掏挖，必须自上而下进行，以防倒塌。

（4）基槽积水的排除　当基槽内有积水，需要边砌筑边排水时，要注意安全用电，水泵应用专用闸刀和触电保护器，并指派专人监护。

（5）雨雪天的要求　雨雪天应注意做好防滑工作，特别是上下基槽的设施和基槽上的跳板要钉好防滑条。

第六节　砖石基础砌筑的技能训练

技能训练1　等高式大放脚砖基础的砌筑

1. 训练内容

等高式大放脚，大放脚高度360mm，正墙厚240mm，基础高度1.2m。

2. 基本训练项目

（1）砌筑准备

1）机械设备及工具准备：瓦刀、方铲或者尖铲、刨锛、灰桶及质量检测工具钢卷尺、托线板、线锤、水平尺、磅秤等。机械设备主要有砂浆搅拌机，要检查运转是否正常。

2）材料准备：检查烧结普通砖的规格、强度等级、品种是否符合设计要求，并提前做好浇水洇砖工作；检查水泥标号、出厂日期是否符合使用要求；筛砂、检查含泥量；准备掺加材料如防水剂等，准备预埋件等。

3）技术准备：清理基槽的浮土和积水，检查基础垫层的质量。检查基础墙的基线和地基的标高；按照设计的要求制作皮数杆，并在转角处立皮数杆，保证皮数杆的标高符合设计要求。

4）施工条件准备：检查基槽开挖放坡是否符合要求，土壁是否安全牢固，上下基槽有无梯子或踏步。清理出运输道路及搭设基础施工的架子或栈桥等。

5）拌制砂浆和运放砖块：搅拌砂浆时对原材料一定要进行计量，水泥、砂子要按照要求的精度控制称量。砂浆应该按照要求制作试块。

（2）确定组砌方法　根据 $B=b+2L$ 计算，本训练项目的大放脚基底宽度：$B=240\text{mm}+2\times(60\times3)\text{mm}=600\text{mm}$，考虑砖缝的因素，实际宽度为615mm，即两砖半。

（3）排砖摆底　排砖摆底是一项技术性和技能性很强的训练，要求初学者在反复排砖的基础上，逐步掌握其基本的知识。首先按照基底尺寸和已确定的组砌方法用干砖在一段长度内进行干摆。要按照“山丁檐跑”的原则进行；大放脚的砌筑一般采用一顺一丁的砌法，上下皮砖错缝长度为1/4砖。排砖的形式按本书图5-3所示的方法进行。

（4）砌大放脚　在排砖的基础上，按照皮数杆进行带线砌筑，在砌筑过程中要严格按照已经排好砖的平面位置进行，发现偏差，可以利用调整灰缝的厚度解决。

（5）砌基础墙　基础大放脚砌到墙身时，要拉线检查轴线及边线尺寸是否准确，同时要对照皮数杆的砖层及标高，对出现的高低差，应逐层利用水平灰缝进行调整，保证墙的层数和皮数杆一致。在砌筑时，初学者要逐步学会运用“二三八一”操作法，以确保提高工作效率和减轻劳动强度。

（6）防潮层　防潮层应作为一项独立的工序来完成。基层必须清理干净和浇水湿润，防潮层砂浆收水后要进行抹压；砂浆的拌制必须均匀。当掺加粉状防水剂时，必须调成糊状后加入，掺入量应该准确。

（7）质量自检　主要检查以下几个方面：

1）基础大放脚的组砌排列方法是否准确，是否有竖直的通缝。

2）轴线及边线的位置是否准确，砖层及标高与皮数杆是否对应。

3）检查基础墙身的垂直度是否符合质量要求。

（8）清理场地　砌筑工作结束后，要对基础场地及时地进行清理，砌筑用的砖摆放整齐，砂浆要随拌随用。

3. 训练注意事项

1）基础大放脚砌筑的排砖不但要满足第一、第二皮砖错缝搭接，还要考虑上面收墙身时错缝搭接的要求。因此排砖结束，请施工技术人员或有实际操作经验的师傅进行复核无误后，方可进行正式砌筑。

2）砌筑过程中，利用一些碎砖进行填心时，要分散填放，不得集中一处填放，否则会影响砌体的强度。

3）由于基础的外观要求不高，可以用一些过火砖砌筑，但是翘曲变形过大或者质量低劣的砖不能使用。

技能训练2　等高式大放脚砖基础盘角和挂线砌筑

1. 训练内容

等高式大放脚，大放脚高480mm，正墙厚240mm，基础高1.5m。

2. 基本训练项目

（1）砌筑准备

1）机械设备、工具及材料准备：同技能训练1。

2）技术准备：清理基槽的浮土和积水，在转角的位置按要求清理场地；检查基础垫层的质量。检查基础墙的基线和地基的标高；按照设计的要求制作皮数杆，并在转角处立皮数杆，保证皮数杆的标高符合设计要求。

3）施工条件准备：同技能训练1。

4）拌制砂浆和运放砖块：同技能训练1。

（2）确定组砌方式　根据 $B=b+2L$ 计算大放脚基底的宽度：$B=240\text{mm}+2\times(60\times4)\text{mm}=720\text{mm}$，考虑砖缝的因素，实际宽度为740mm，即三砖宽。

（3）排砖摆底　盘角的排砖摆底是一项技术性和技能性很强的训练，在训练时，可以先画好草图，按照草图进行反复的排砖，排砖的形式按本书图5-4所示的方法进行。

（4）盘角　在排砖的基础上，根据自己的砌筑经验，按照皮数杆进行盘角砌筑；盘角砌筑一般不准超过5层；在砌筑过程中要不断地利用托线板、线锤、水平尺进行检查，发现偏差，可以利用调整灰缝的厚度解决，保证墙身的横平竖直。

（5）拉线　盘角砌好后，以两端的转角为标准拉准线，再按线进行砌筑。

（6）收台阶　收台阶时必须用卷尺量准尺寸，中间部分的砌筑应以大角处准线为依据，不能用目测或砖块比量，以免出现误差。

（7）砌基础墙　当大放脚收足后，对大放脚的上部实墙位置的基础应重新进行定位，放墙身线，按此线进行砌筑，保证基础墙与上部墙体的位置一致。

（8）清理场地　砌筑工作结束后，要对基础场地及时地进行清理。

3. 训练注意事项

1）盘角是砌筑基础墙、保证质量的关键操作工艺，要求垂直、平整，灰缝必须跟皮数杆相符。

2）拉线工作也是关系到砌筑质量的主要因素，要两端人员相互配合，严格按照皮数杆进行拉线，防止错层砌筑。

技能训练3　毛石基础的砌筑

1. 技能训练内容

按图5.9所示，进行梯形毛石基础的砌筑训练，梯形的底宽为1.6m，顶宽为0.6m，基础大放脚高为1m，正墙厚300mm，基础高1.5m，基础长度为4m。

图5-9　梯形毛石基础

2. 基本训练项目

（1）砌筑准备

1）机械设备及工具准备：瓦刀、方铲、大小锤、灰桶及质量检测工具钢卷尺、水平尺、标高杆、磅秤等。机械设备主要有砂浆搅拌机，要检查运转是否正常。

2）材料准备：首先要选石，剔除风化石、对过分大的石块应砸开；检查水泥标号、出厂日期是否符合使用要求；可以用粗格筛进行筛砂、检查含泥量；准备掺加材料如防水剂等；准备预埋件等。

3）技术准备：在砌筑前，应先弄清图样，了解基础断面形式，然后按图样要求核查龙门板的标高、轴线位置、基槽的宽度和深度。

4）施工条件准备：检查基槽开挖放坡是否符合要求，

土壁是否安全牢固，清除槽内杂物、污泥、积水，再在槽内撒垫石碴进行夯实。检查上下基槽有无梯子或踏步。清理出运输道路及搭设基础施工的架子或栈桥等。

5）拌制砂浆和运放石块：搅拌砂浆时对原材料一定要进行计量，水泥、砂子要按照要求的精度控制称量。砂浆稠度控制在30～50mm之间。运放石块应注意安全。

（2）梯形毛石基础的砌筑

1）摆底：毛石基础大放脚，应根据放出的边线进行摆底工作，与砖基础大放脚相似，毛石基础大放脚的摆底，关键要处理好大放脚的转角，做好檐墙和山墙丁字相交接槎部位的处理。大角处应选择三个面比较平整、外形比较方正、并且高度适合大放脚收退的断面高度的角石。角石立好后，以此石厚为基准把水平线挂在这石厚高度处，再依线摆砌外皮毛石和内侧皮毛石，此两种毛石要有所选择，至少有两个面较平整，使底面窝砌平稳，外侧面平齐。外皮毛石摆砌好后，再填中间的毛石。

2）收退：毛石基础收退应掌握错缝搭砌的原则。第一个台阶砌好后应适当找平，再把立线收到第二个台阶，每阶高度一般为300～400mm，并至少二皮毛石；第二阶毛石收退砌筑时，要拿石块错缝试摆，上级阶梯的石块应至少压砌下级阶梯的1/2，相邻阶梯的毛石应相互错缝搭砌。毛石底座浆应饱满，一般砂浆先虚铺40～50mm厚，然后把石块砌上去，利用石块的重量把砂浆挤摊开来铺满石块底面。

3）正墙：毛石基础大放脚收退到正墙身处，同样应做好定位和抄平工作，并引中心至大脚顶面和墙角侧边，再分出边线。基础正墙主要依据基础上的墨线和在墙角处竖立的标高杆进行砌筑。

毛石墙基正墙砌筑，要求确保墙体的整体性和稳定性，不应有干垫和双垫，每一层石块和水平方向间隔1m左右，要砌一层贯通墙厚压住内外皮毛石的拉结石。上下层拉结石呈现梅花状互相错开，防止砌成夹心墙。

4）抹找平层和结束毛石基础：毛石基础正墙身的最上一皮应选用较为直长、上表面平整的毛石作为顶砌块，顶面找平一般抹50mm厚的C20细石混凝土，基表面要加防水剂抹光。基础墙身石缝应用小抿子嵌填密实、找平结束即完成毛石基础全部工作，正墙表面应加强养护。

3. 训练注意事项

1）毛石的选材是基础砌筑的重要环节，必须认真对待。

2）毛石基础的砌筑，要注意错缝搭接，防止基础墙体出现垂直通缝。

3）在毛石基础的砌筑时，要注意大小石块的搭配，砌好拉结石，防止砌成夹心墙。

4）砂浆的稠度要合适，铺灰要均匀；石材在砌筑前要适当浇水，并控制每次的砌筑高度不超过1.2m。

课题六

砖墙的砌筑

第一节　砖墙的组砌原则

砖墙是建筑工程最常用的砌筑形式，有采用普通烧结砖、蒸压灰砂砖、粉煤灰砖、煤渣砖砌筑成实心墙体和采用烧结多孔砖砌筑成多孔砖墙；也有采用烧结空心砖砌筑成空心砖墙；还有采用烧结普通砖砌筑成空斗墙。砖墙体是由砖块和砂浆通过各种组砌方法砌成的整体，为了使砖墙体形成牢固的整体，在砌筑时要遵守以下几项原则：

1. 必须错缝砌筑

为了保证墙体受力均匀，要求墙体的砖块至少应错缝1/4砖，如图 6-1 所示。

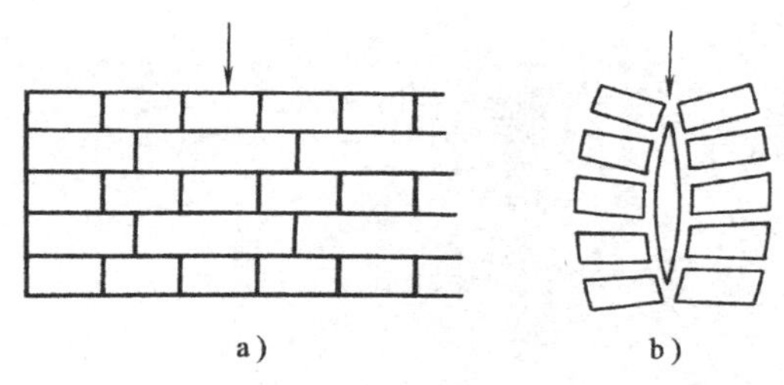

图 6-1　墙体的错缝

a）错缝咬合，墙体受力分散传递　b）直缝，墙体被压散

2. 必须控制灰缝的厚度

一般灰缝的厚度为10mm，最大不超过12mm，最小不小于8mm。因为水平灰缝太厚，不仅使墙体产生压缩变形，还可能使墙体产生滑移，对墙体结构不利。水平灰缝太薄，不能使砂浆饱满，同样对墙体整体性不利，垂直灰缝（俗称头缝），也不应太厚太薄，否则对墙体结构也有不利影响。如果没有灰缝（即两块砖直接组合在一起，俗称瞎缝）则对墙体结构的整体性影响更大。

3. 墙体的留槎、接槎

墙体之间纵横方向的连接，在砌筑时是非常关键的，最好能同时砌筑。如果不可能同时砌筑，应按照规定在先砌的墙体上留出接槎（俗称留槎），后砌的墙体要镶入接槎内（俗称咬槎）。正常的接槎方法按照规范规定有两种：

（1）斜槎　烧结普通砖墙体的斜槎长度不应小于高度的2/3，如图6-2a所示；多孔砖墙体的斜槎长高比应按砖的规格尺寸参照图6-2做适当的调整。

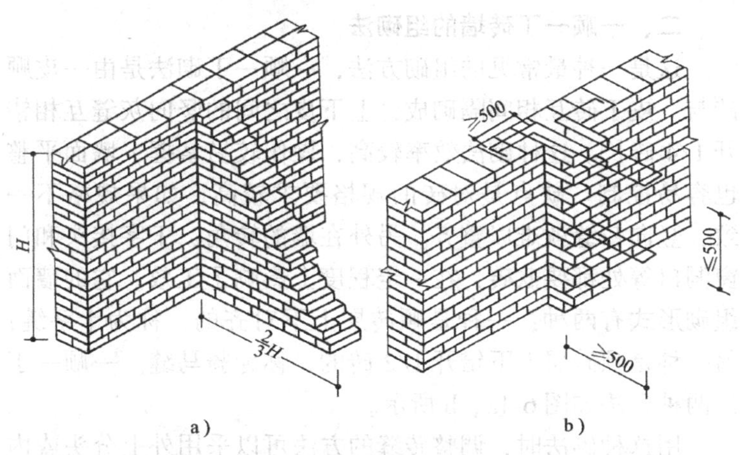

图6-2　墙体砌筑时的留槎
a）斜槎　b）直槎

（2）直槎　由于直槎比斜槎的拉结强度差，在施工中不能留斜槎时，除转角处外，可留直槎，但直槎必须做成凸槎，并应加设拉结钢筋。拉结筋的数量为每 120mm 墙厚放置 1 根直径 6mm 的钢筋，间距沿墙高不得超过 500mm，埋入长度从墙的留槎处算起每边均不应小于 500mm，末端应有 90°弯钩，如图 6-2b 所示。抗震设防地区建筑物的砌砖工程不得留直槎；拉结筋不得穿过烟道和通气孔。如遇烟道或通气孔时，拉结筋应分成两股沿孔道两边平行设置。

第二节　实心砖墙的组砌方法

一、实心砖墙的组砌形式

实心砖墙根据强度、保温隔热要求和砖的品种、材料的不同，可采用一顺一丁、梅花丁或三顺一丁的组砌形式，也可采用全顺、全丁、两平一侧等组砌形式，如图 6-3a ~ f 所示。

二、一顺一丁砖墙的组砌法

这是一种最常见的组砌方法，一顺一丁砌法是由一皮顺砖与一皮丁砖互相间隔砌成，上下皮之间的竖向灰缝互相错开 1/4 砖长。这种砌法效率较高，操作较易掌握，墙面平整也容易控制。缺点是对砖的规格要求较高，如果规格不一致，竖向灰缝就难以整齐。另外在墙的转角、丁字接头和门窗洞口等处都要砍砖，在一定程度上影响了工效。它的墙面组砌形式有两种：一种是顺砖层上下对齐的，称为十字缝；另一种是顺砖层上下错开 1/2 砖的，称为骑马缝。一顺一丁的两种砌法如图 6-4a、b 所示。

用这种砌法时，调整砖缝的方法可以采用外七分头或内七分头，但一般都用外七分头，而且要求七分头跟顺砖走。

图6-3　实心砖墙的组砌形式

a）一顺一丁　b）梅花丁　c）三顺一丁　d）全顺　e）全丁　f）两平一侧

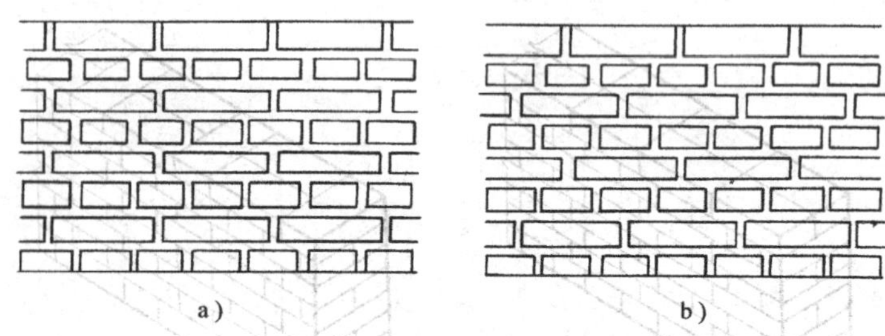

图 6-4　一顺一丁的两种砌法

a）十字缝　b）骑马缝

采用内七分头的砌法是在大角上先放整砖，可以先把准线提起来，让同一条准线上操作的其他人员先开始砌筑，以便加快整体速度。但转角处有半砖长的“花槽”出现通天缝，一定程度上影响了墙体质量。一顺一丁墙的大角砌法如图 6-5 ~ 图 6-7 所示。

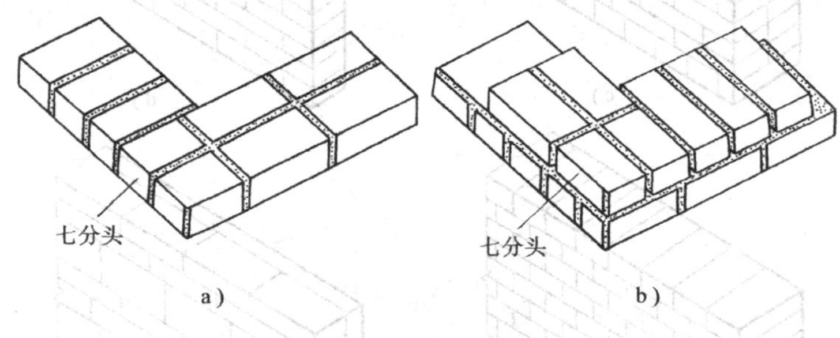

图 6-5　一顺一丁墙的大角砌法（一砖墙）

a）单层数　b）双层数

三、梅花丁砌法

梅花丁砌法又称沙包式或十字式砌法，是在同一皮砖上采用两块顺砖夹一块丁砖的砌法。上皮丁砖坐中于下皮顺砖，上下两皮砖的竖向灰缝错开 1/4 砖长。梅花丁砌法的内外竖向灰缝每皮都能错开，竖向灰缝容易对齐，墙面平整度

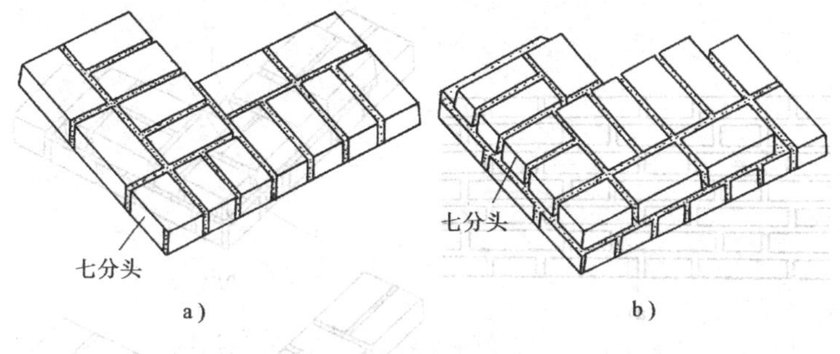

图 6-6　一顺一丁墙的大角砌法（一砖半墙）
a）单层数　b）双层数

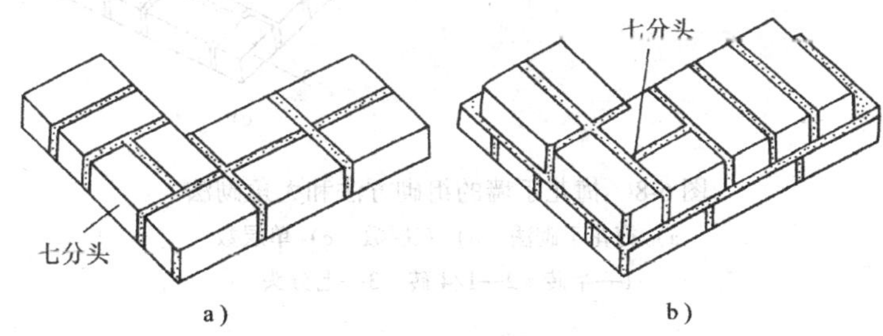

图 6-7　一顺一丁墙内七分的砌法
a）单层数　b）双层数

容易控制，特别是当砖的规格不一致时（一般砖的长度方向容易出现超长，而宽度方向容易出现缩小的现象），更显出其能控制竖向灰缝的优越性。这种砌法灰缝整齐，美观，尤其适宜于清水外墙。但由于顺砖与丁砖交替砌筑，影响操作速度，工效较低。梅花丁的组砌方法如图 6-8a～c 所示。

四、三顺一丁砌法

三顺一丁砌法为采用三皮全部顺砖与一皮全部丁砖间隔砌成的组砌方法。上下皮顺砖间竖缝错开 1/2 砖长，上下皮顺砖与丁砖间竖向灰缝错开 1/4 砖长，同时要求山墙与檐墙（长墙）的丁砖层不在同一皮砖上，以利于错缝和搭接。这

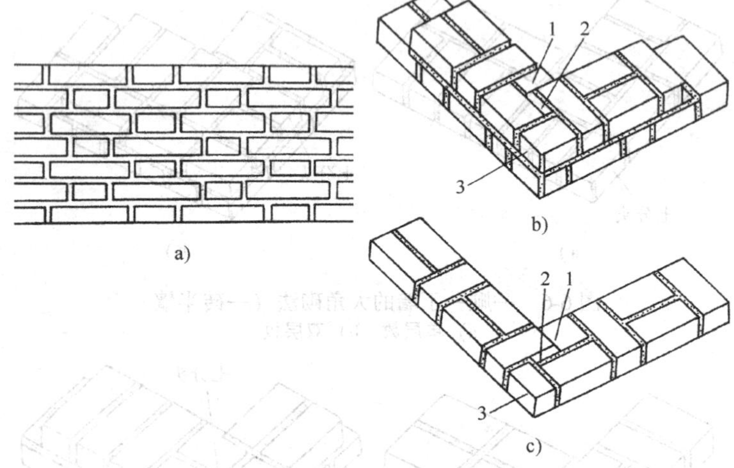

图 6-8　梅花丁墙的组砌方法和大角砌法

a）梅花丁砌法　b）双层数　c）单层数

1—半砖　2—1/4 砖　3—七分头

种砌法一般适用于一砖半以上的墙。这种砌法顺砖较多，砖的两个条面中挑选一面朝外，故墙面美观，同时在墙的转角处、丁字和十字接头处及门窗洞等处砍凿砖少，砌筑效率较高。缺点是顺砖层多，墙体的整体性较差。特别是砖比较潮湿或者砂浆较稀时容易向外挤出，出现“游墙”，所以与此相同缺点的五顺一丁砌法现在不用了。三顺一丁砌法一般以内七分头调整错缝和搭接。三顺一丁组砌形式如图 6-9 所示。三顺一丁砌法的大角做法如图 6-10a ~ d 所示。

五、其他几种组砌方法

1. 全顺砌法

全部采用顺砖砌筑，上下皮间竖向灰缝错开 1/2 砖长。这种砌法仅适用于砌半砖墙，如图 6-11 所示。

图 6-9　三顺一丁墙的组砌形式

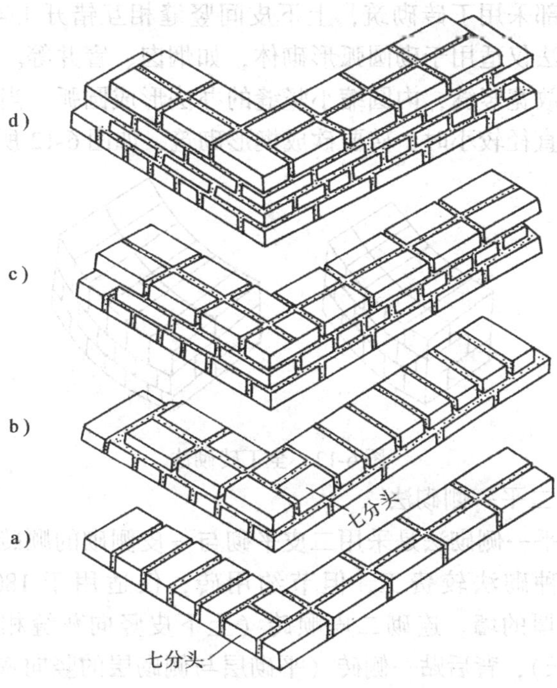

图 6-10　三顺一丁墙的大角砌法
a）第一皮　b）第二皮　c）第三皮　d）第四皮

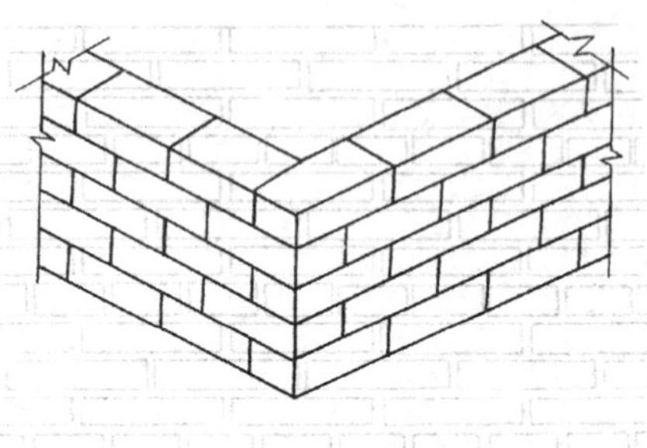

图 6-11　全顺砖砌法

2. 全丁砌法

全部采用丁砖砌筑，上下皮间竖缝相互错开 1/4 砖长。这种砌法仅适用于砌圆弧形砌体，如烟囱、窨井等。一般采用外圆放宽竖缝，内圆缩小竖缝的办法形成圆弧。当烟囱或窨井的直径较小时，砖要砍成楔形砌筑，如图 6-12 所示。

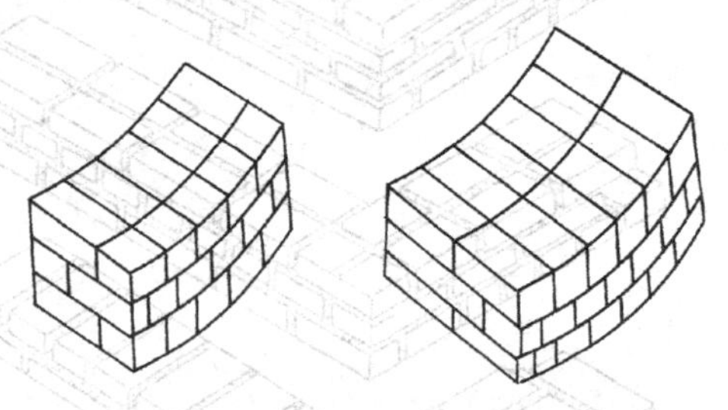

图 6-12　全丁砖砌法

3. 二平一侧砌法

二平一侧砌法是采用二皮平砌与一皮侧砌的顺砖相隔砌成。这种砌法较费工，但节约用砖，仅适用于 180mm 或 300mm 厚的墙。连砌二皮顺砖（上下皮竖向灰缝相互错开 1/2 砖长），背后贴一侧砖（平砌层与侧砌层的竖向灰缝也错开 1/2 砖长）就组成了 180mm 厚墙。连砌二皮丁砖或一顺一丁（上下皮之间竖缝错开 1/4 砖长）背后贴一侧砖（侧砖层与顺砖层之间竖缝错开 1/2 砖长，与丁砖层错开 1/4 砖长）就组成了 300mm 厚的墙。每砌二皮砖以后，将平砌砖和侧砌砖里外互换，即可组成二平一侧墙体，如图 6-13a、b 所示。

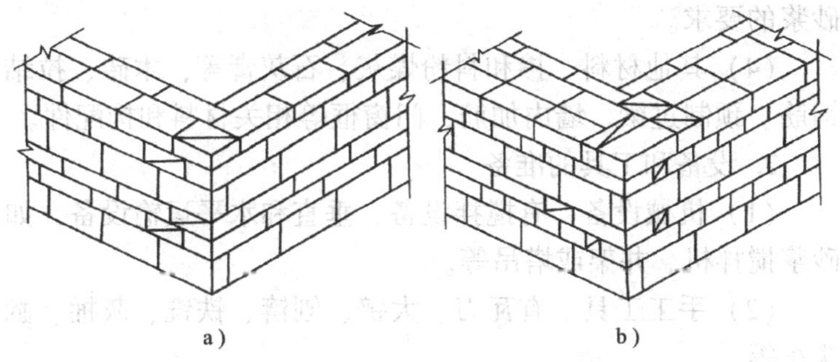

a）　　　b）

图 6-13　二平一侧砌法

a）180mm 厚墙体　b）300mm 厚墙体

上述各种砌法中，每层墙的最下一皮和最上一皮，在梁和梁垫的下面、墙的台阶水平面上均应用丁砖层砌筑。

第三节　实心砖墙的砌筑

一、砌筑准备工作

1. 砌筑材料准备

(1) 砖　砖的品种、规格、强度等级、外观尺寸等必须符合设计要求和满足砌筑的需要；如果是砌清水墙还要观察砖色泽是否一致。经检查符合要求以后，即可浇水润砖。砖要提前 1 ~2d 浇透，以水渗入砖四周内 15mm 左右为好，此时砖的含水量约达到 10% ~15%，砖洇湿后应晾半天，待表面略干后使用最好。抗震设计烈度在 9 度以上的建筑物，当普通砖和空心砖无法浇水湿润时，如无特殊措施，不得施工。

(2) 砂子　砂子的细度和含泥量等必须符合拌制砂浆的要求。砂子要过筛，筛孔直径以 5 ~ 8mm 为宜。雨期施工时，砂子应筛好并留出一定的储备量。

(3) 水泥　水泥的品种、标号、储备量等必须满足拌制砂浆的要求。

(4) 其他材料　掺和料粉煤灰、石灰膏等，木砖、拉结钢筋、预制过梁、墙内加筋、门窗框等相关材料和构配件。

2. 设备和工具的准备

(1) 机械设备　有搅拌设备、垂直和水平运输设备，如砂浆搅拌机、井架或塔吊等。

(2) 手工工具　有瓦刀、大铲、刨锛、铁铣、灰桶、翻斗车等。

(3) 质量检测工具　有钢卷尺、托线板、线锤、水平尺、皮数杆、磅秤等。

(4) 脚手架　应对脚手架的架设及安全情况进行检查。

3. 砌筑的技术准备

(1) 检查防潮层和基槽　检查防潮层是否完好，水平度是否满足，皮数杆的第一皮砖是否符合砖层要求。检查基槽的宽度、深度及地下水情况，龙门板的位置、轴线的标注。

(2) 找平并弹墙身线　砌墙之前，应将基础防潮层或楼面上的灰砂泥土、杂物等清除干净，并用水泥砂浆或碎石混凝土找平，使各段砖墙底部标高符合设计要求；找平时，须使上下两层外墙之间不致出现明显的接缝，随后开始弹墙身线。

弹线的方法是：根据基础四角各相对龙门板，在轴线标钉上拴上白线挂紧，拉出纵横墙的中心线或边线，投到基础顶面上，用墨斗将墙身线弹到墙基上，内间隔墙如没有龙门板时，可将外墙轴线相交处作为起点，用金属直尺量出各内墙的轴线位置和墙身宽度；根据图样画出门窗口位置线。墙基线弹好后，按图样要求复核建筑物长度、宽度、各轴线间尺寸。经复核无误后，即可作为底层墙砌筑的标准。如在楼房中，楼板铺设后要在楼板上弹线定位，弹墙身线方法见图6-14。

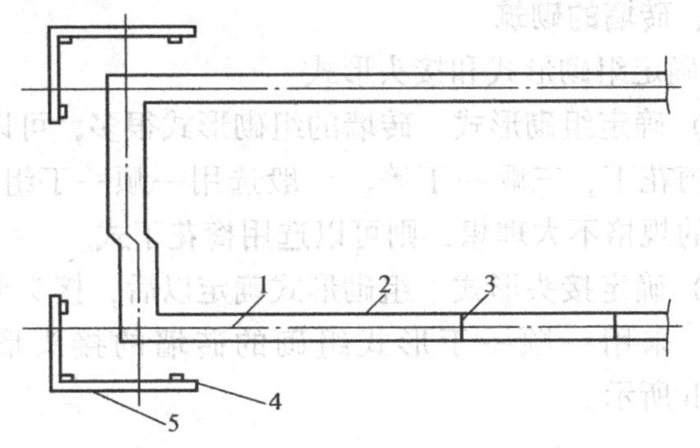

图6-14　弹墙身线

1—轴线　2—内墙边线　3—窗口位置线　4—龙门桩　5—龙门板

（3）立皮数杆并检查核对　砌墙前应先立好皮数杆，皮数杆一般应立在墙的转角、内外墙交接处以及楼梯间等突出部位，其间距不应太长，以15m以内为宜，皮数杆的位置见图6-15。

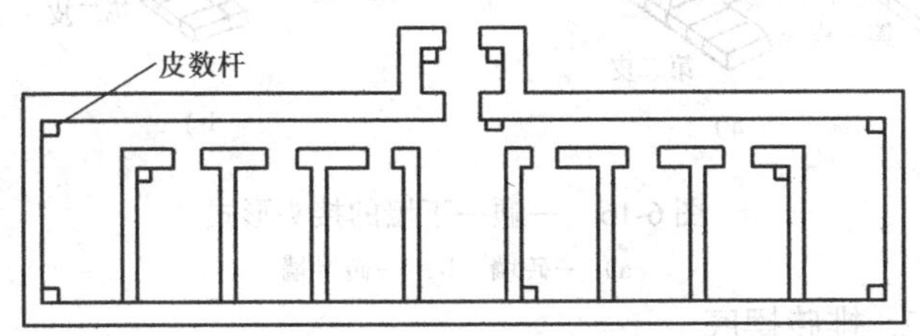

图6-15　皮数杆的设立位置

皮数杆钉于木桩上，皮数杆下面的±0.00线与木桩上所抄测的±0.00线要对齐，都在同一水平线上。所有皮数杆应逐个检查是否垂直，标高是否准确，在同一道墙上的皮数杆是否在同一平面内。核对所有皮数杆上砖的层数是否一致，每皮厚度是否一致，对照图样核对窗台、门窗过梁、雨篷、楼板等标高位置，核对无误后方可砌筑。

二、砖墙的砌筑

1. 确定组砌形式和接头形式

（1）确定组砌形式　砖墙的组砌形式很多，可以是一顺一丁、梅花丁、三顺一丁等。一般选用一顺一丁组砌形式，如果砖的规格不太理想，则可以选用梅花丁式。

（2）确定接头形式　组砌形式确定以后，接头形式也随之而定，采用一顺一丁形式组砌的砖墙的接头形式如图6-16a、b所示。

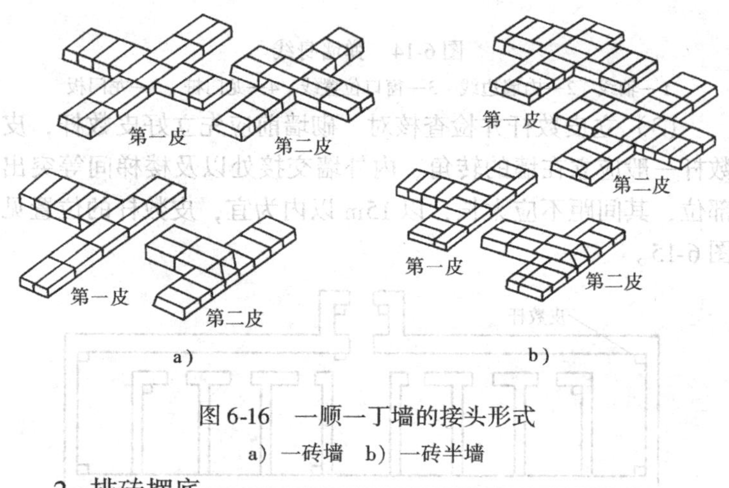

图6-16　一顺一丁墙的接头形式

a）一砖墙　b）一砖半墙

2. 排砖摆底

在砌砖前，根据砖墙组砌形式进行排砖摆底，使砖的砌筑合乎错缝搭接要求，确定砌筑所需块数，以保证墙身砌筑竖缝均匀适度，尽可能做到少砍砖。排砖时应根据砖的实际长度尺寸的平均值来确定竖缝的大小。清水墙立缝应上下通顺，垂直一致；不游丁走缝，并不得随意变动。

(1) 清水墙的排砖　清水墙的排砖是按“山丁檐跑”的规律摆第一皮砖，即两山墙排丁砖，前后檐墙（长墙）排条砖。四个转角为了错缝应用七分头，七分头顺着条砖排列，从两个山墙看第一层砖全是丁砖。

(2) 山墙的排砖　山墙的两个大角排砖必须对称一致，如果山墙的长度尺寸与排砖的尺寸不符，可以调整改动砖块之间立缝的大小，如果剩一个丁头，应排在窗口中间；没有窗口可排在山墙中间，但必须对称一致。

(3) 前后檐墙排砖　前后檐墙排第一皮砖时，不仅要把窗口以下砖墙排得合理，还要注意把窗间墙、左右墙角的砖排对称，必要时可以把门窗口左右做少许移动，把需要砍砖的部位（也叫破活）布置在门窗口中间或其他不明显的部位。另外，还必须考虑砌至窗平口以后，上部合拢时，砖的排列要达到错缝合理的要求。

3. 墙身的砌筑

(1) 墙身砌筑的原则

1) 角砖要平、绷线要紧：盘好角是砌好墙的保证，盘角时应该重视一个“直”字，砌好角才能挂好线，而线挂好绷紧了才能砌好墙。

2) 上灰要准、铺灰要活：底、角、线都达到了要求，也不一定就砌好了墙，墙能否砌好，要看每一块砖能否摆平，而砖能否摆平与灰是否铺好有很大的关系。

3) 上跟线，下跟棱：跟棱附线是砌平一块砖的关键，不然砖就摆不平，墙会走形或砌成台阶式。

4）皮数杆立正立直：楼房的层高有高有低，高的可达4~5m，由于皮数杆固定的方法不佳或者木料本身弯曲变形，往往使皮数杆倾斜，这样，砌出来的砖墙就会出现砌筑质量问题，因此砌筑时要随时注意皮数杆的垂直度。

(2) 砖墙的盘角　盘角就是外墙的拐角（也称大角）处的砌筑，是砌筑墙身的关键。初学者必须在熟练掌握墙体砌筑的基础上，在师傅的指导下进行训练。盘角的人员应该相对固定，避免因操作者的手法不同造成大角垂直度不稳定的现象。外墙大角由于房屋的形状不同，可有钝角、锐角和直角之分，本处仅介绍直角形式的大角砌法。

1）施工方法：大角处的1m范围内，要挑选方正和规格较好的砖砌筑；在大角处用的“七分头”一定要棱角方正、打制尺寸准确，一般先打好一批备用，将其中打制尺寸较差的用于次要部分。开始时先砌3~5皮砖，用方尺检查其方正度，用线锤检查其垂直度，当大角砌到1m左右高时，应使用托线板认真检查大角的垂直度，再继续往上砌时，操作者要用眼“穿”看已砌好的角，根据三点共线的原理来掌握垂直度，另外，还要不断用托线板检查垂直度。砌墙时砖块一定要摆平整，防止出现水平和垂直偏差。

砌墙砌到翻架子（由下一层脚手翻到上一层脚手砌筑）时，特别容易出现偏差，那是因为人蹲在脚手板上砌筑，砖层低于人的脚底，一方面人容易疲劳，另一方面也影响操作者视力的穿透。

2）施工要求：盘角时必须对照皮数杆，特别要控制好砖层上口高度，不要与皮数杆相应皮数高差太多，一般经验做法是比皮数杆标定皮数低5~10mm为宜。5皮砖盘好后，两端要拉通线检查，先检查砖墙槎口是否有抬头和低头的现象，再与相对盘角的操作者核对砖的皮数，千万不可出现错层。

（3）盘角的挂线 砌筑工砌墙时主要依靠准线来掌握墙体的平面度，准线是控制砌筑质量的主要方法，所以挂线工作十分重要。

1）挂线方法：外墙大角挂线的办法是用线拴上半截砖头，挂在大角的砖缝里，然后用别线棍把线别住，防止线陷入灰缝中，别线棍的直径约为1～2mm，放在离开大角20～40mm处。在砌筑过程中，要经常抄平，检查有没有顶线和塌腰的地方。

砌筑内墙时，一般采用先拴立线，再将准线挂在立线上的方法砌筑，这样可以避免因槎口砖偏斜带来的误差。在拴立线时，应先检查预留的槎子是不是垂直。根据拴好的垂直线拉水平线，水平线的两端要由立线的里侧往外兜拴牢，两端拴的水平线要与砖缝一致，不得错层，以免造成偏差。

2）盘角挂线的要求：砌筑砖墙必须拉通线，砌一砖半以上的墙必须双面挂线。当墙面比较长，挂线长度超过20m时，线就会因自重而下垂，这时要在墙身的中间砌上一块挑出30～40mm的腰线砖，托住准线，然后从一端穿看平直，再用砖将线压住。

大角挂线和挑线的方法如图6-17所示，内墙挂线的方法如图6-18所示。

三、120墙和180墙的砌筑

120墙与180墙的砌筑方法与一般实体墙相同，但要注意以下几点：

1）120墙的基础如砌在土质地面上时，应将土挖下不少于200mm深，夯打密实后做灰土垫层，如下设垫层时，应先砌两皮以上的240墙为基础，再砌120墙；当砌在混凝土

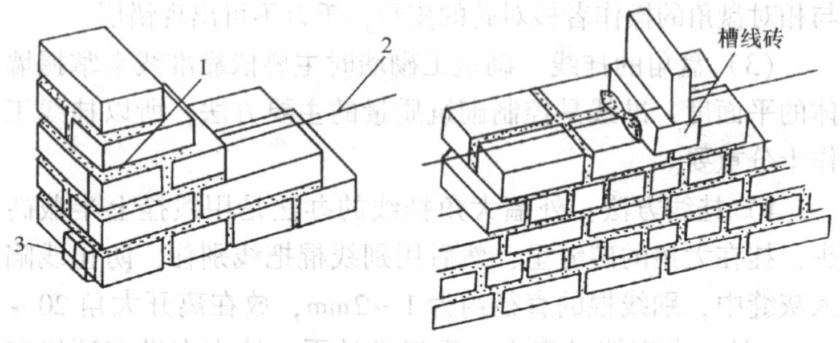

图 6-17　大角挂线和挑线的方法

1—别线棍　2—挂线　3—简易挂线锤

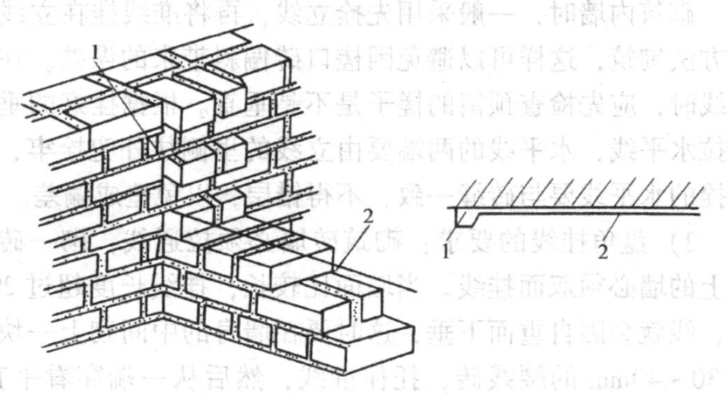

图 6-18　内墙挂准线的方法

1—立线　2—准线

地坪或楼板上时，应先清理表面，洒水湿润，再砌墙身。

2）当 120 墙较高较长时，应按设计规定加砌拉结钢筋，至少每砌高 1～1.2m，在墙的水平灰缝中加设 2ϕ6mm 钢筋，并与主墙内预留钢筋连接。

3）承重的 180 墙，支承楼面及屋面下的 4 皮砖，应改砌成 240mm 厚丁砖，并不得用半砖或碎砖砌筑，以扩大墙的支承面。

4）180 墙以顺砖和侧顺砖组成一个砌筑平面，即平砌两皮顺砖，顺砌一皮侧砖组成一砌筑层时，一般应先砌平砖后砌侧砖，或先砌一平砖，后砌侧砖，再砌一平砖。侧砖应铺砌平稳，侧砖与平砖组成的砌筑平面应平整，不得有偏差。

第四节　门窗洞口的砌筑

一、门洞的砌筑

门洞的砌筑是墙体砌筑的重要组成工作，一般分先立门框砌筑和后嵌樘子砌筑两种。

1. 先立门框砌筑

先立门框砌筑时，应首先按照设计的要求，将门框架好，要做到位置准确，左右前后垂直，固定牢靠。砌砖时要离开门框边 3mm 左右，不能顶死，以免门框受挤压而变形。同时在砌筑过程中，要经常检查门框的位置和垂直度，发现倾斜、变形、移位，要随时纠正，门框与砖墙用燕尾木砖（或大小头木砖）拉结，如图 6-19a 所示。

2. 后嵌樘子砌筑

应按墨斗线砌筑（一般所弹的墨斗线比门框外包宽 20mm），并根据门框高度安放木砖。采用大小头木砖预埋时，应小头在外，大头在内。洞口高在 1.2m 以内，每边放 2 块砖；高 1.2 ~ 2m 的，每边放 3 块；高 2 ~ 3m 的，每边放 4 块。预埋砖的部位一般在洞口上下边 4 皮砖中间均匀分布。木砖要提前做好防腐处理。门框侧面的墙同样处理，一般无腰头的门，每侧各放两块木砖，上下各离 2 ~ 3 皮砖；有腰头的门要放三块，即除了上下各一块以外，中间还要放一块。然后嵌门樘子。后嵌樘子的砌筑如图 6-19b 所示。门窗洞口的允许偏差是 ±5mm。

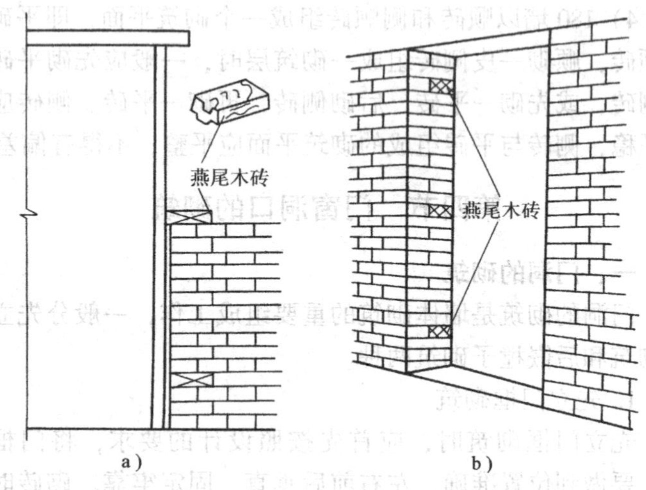

图6-19　门洞的砌筑

a) 先立门框砌筑　b) 后嵌樘子砌筑

3. 其他

推拉门、金属门等不用木砖，其做法各有不同，有的按图样设计要求嵌入铁件，有的用专门的膨胀螺钉固定，有的预留安装孔洞，这些均应按设计要求预留，不得事后剔凿墙体。抗震拉结钢筋的位置、钢筋规格、数量、间距均应按设计要求留置，不应错放、漏放。

二、窗洞的砌筑

当墙砌到窗洞标高时，须按尺寸留置窗洞，然后再砌窗洞间的窗间墙。此外，还要进行砌筑窗台、窗顶发砖碹或安放钢筋混凝土过梁等操作。

1. 窗台的砌筑

(1) 出砖檐的砌法　出砖檐的砌法是在窗台标高下一层砖根据分口线把两边的砖砌过分口线 60mm，挑出墙面

60mm，砌时把线挂在两头挑出的砖角上。砌出檐砖时，立缝要打碰头灰。出檐砖砌法由于上部是空口，容易使砖碰掉，成品保护比较困难，因此，可以采取只砌窗间墙下压住的挑砖，空口处的砖可以等到抹灰前砌筑。出砖檐的砌法如图 6-20a 所示。

（2）出虎头砖的砌法　出虎头砖的砌法是在窗台标高下两层砖根据分口线将两头的陡砖（侧砖）砌过分口线 100 ~ 120mm，并向外留 20mm 的泛水，挑出墙面 60mm。窗口两头的陡砖砌好后，在砖上挂线，中间的陡砖以一块丁砖的位置放两块陡砖的规矩砌筑。操作方法是把灰打在砖中间，四边留 10mm 左右，一块挤一块地砌，灰浆要饱满。出虎头砖的砌法一般适用于清水墙，要注意选砖，竖缝要披足嵌严。出虎头砖的砌法如图 6-20b 所示。

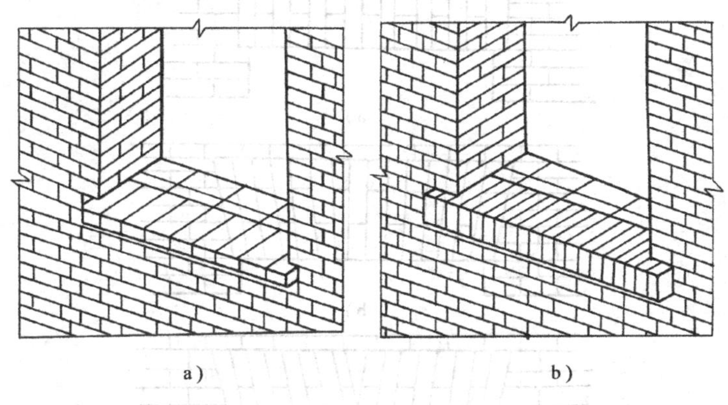

图 6-20　砖窗台的形式
a）出砖檐　b）出虎头砖

2. 窗间墙的砌筑

窗台砌完后，拉通准线砌窗间墙。窗间墙部分一般都是一人独立操作，操作时要求跟通线进行，并要与相邻操作者经常通气。砌第一皮砖时要防止窗口砌成阴阳膀（窗口两边不一致，窗间墙两端用砖不一致），往上砌时，位于皮数杆处的操作者，要经常提醒其他操作人员皮数杆上标志的预留、预埋等要求。

三、平碹的砌筑

1. 平碹的形式

当门窗口上部跨度小、荷载轻时，可以采用平碹做门窗过梁。砖砌平碹一般适用于1m左右的门窗洞口，不得超过1.8m。平碹的厚度与墙厚一致，高度为一砖或者一砖半。平碹随其组砌方法的不同而分为立砖碹、斜形碹和插入碹，如图6-21a～c所示。

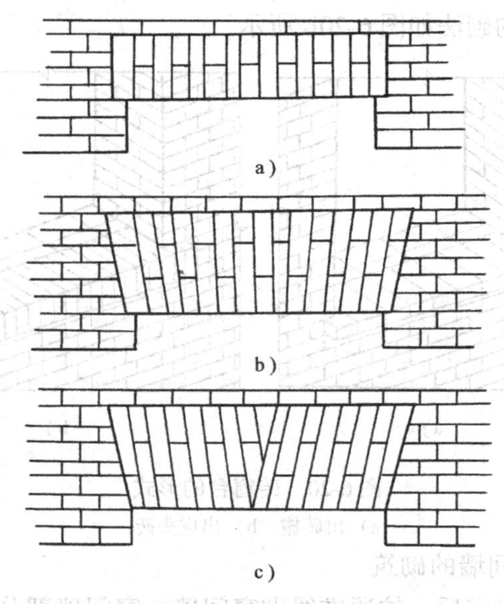

图6-21　平碹的形式
a）立砖碹　b）斜形碹　c）插入碹

2. 平碹的砌筑方法

平碹的一般做法是当砌到门窗口的上平时，在门窗口的两边墙上留出20~30mm的错台，俗称碹肩；然后砌筑碹的两侧墙，称做碹膀子。一般一砖碹上端要斜进去40~50mm，一砖半碹上端要斜进去60~70mm。碹膀子砌筑够高度后，门窗口处支上碹胎板，碹胎板的宽度应该与墙厚相等。胎模支好后，先在板上铺一层湿砂，使中间厚20mm、两端厚5mm，作为碹的起拱。碹的砖数必须为单数，跨中一块，其余左右对称。要先排好块数和立缝宽度，用红铅笔在碹胎板上划好线，才不会砌错。发碹时应从两侧同时往中间砌，发碹的砖应用披灰法打好灰缝，不过要留出砖的中间部分不披灰，留待砌完后灌浆。最后发碹的中间一块砖要两面打灰往下挤塞，俗称锁砖。发碹时要掌握好灰缝的厚度，上口灰缝不得超过15mm，下口灰缝不得小于5mm。灰缝要饱满，要把砖挤紧，自身要同墙面平整。拱底应有1%的起拱，碹胎板必须在灰缝砂浆强度大于设计强度50%时，方可拆除。发碹的方法如图6-22所示。

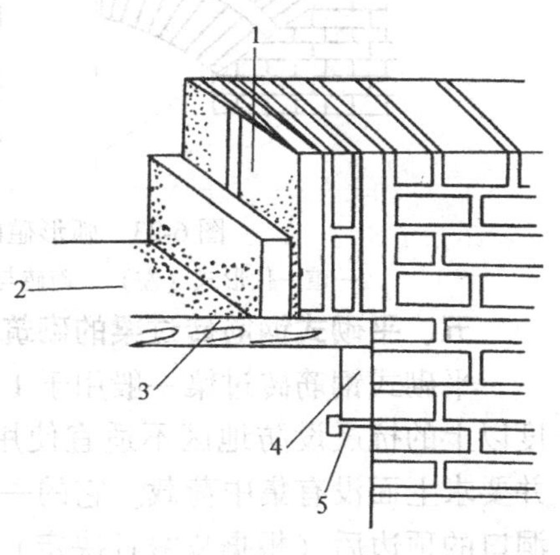

图6-22 发平碹的方法

1—碹发好后灌入细砂浆 2—湿砂 3—碹胎板 4—干砖块 5—钉子

四、弧形碹的砌筑

弧形碹的砌筑方法与平碹基本相同，当碹两侧的砖墙砌到碹脚标高后，支上胎模，然后砌碹膀子（拱座），拱座的坡度线应与胎模垂直。碹膀子砌完后开始在胎模上发碹，碹的砖数也必须为单数，由两端向中间发碹，立缝与胎模面要保持垂直。大跨度的弧形碹厚度常在一砖以上，宜采用一碹一伏的砌法，就是发完第一层碹后灌好浆，然后砌一层伏砖（平砌砖），再砌上面一层碹，伏砖上下的立缝可以错开，这样可以使整个碹的上下边灰缝厚度相差不太多，弧形碹做法如图 6-23 所示。

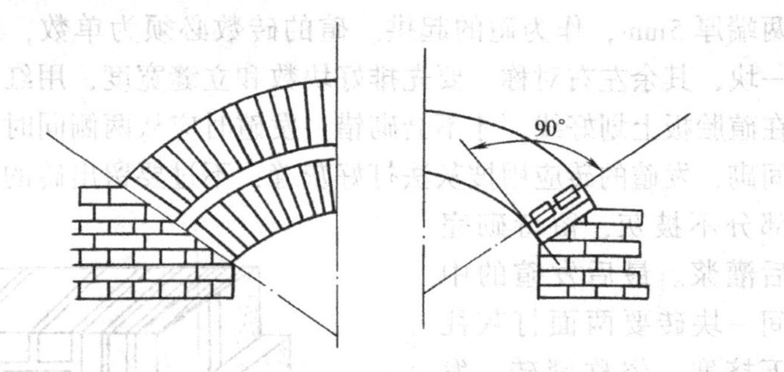

图 6-23　弧形碹的做法

一碹一伏形式（左）　碹砖与砖胎面垂直（右）

五、平砌式钢筋砖过梁的砌筑

平砌式钢筋砖过梁一般用于 1～2m 宽的门窗洞口，在 7 度以上的抗震设防地区不适宜使用，具体由设计要求规定，并要求上面没有集中荷载。它的一般做法是：当墙砌到门窗洞口的顶边后（根据皮数杆决定）就可支上过梁底模板，然后将板面浇水湿润，抹上 30mm 厚 1∶3 水泥砂浆。按图样要求把加工好的钢筋放入砂浆内，两端伸入支座墙体内不少于 180mm。钢筋两端应弯成 90°的弯钩，安放钢筋时弯钩应该朝上，钩在竖缝中。过梁段的砂浆至少比墙体的砂浆高一个强度等级，或者按设计要求。砖过梁的砌筑高度应该是跨度的 1/4，但至少不得小于 7 皮砖。砌第一皮砖时应该砌丁砖，并且两端的第一块砖应紧贴钢筋弯钩，使钢筋达到勾牢的效果，平砌式钢筋砖过梁的做法如图 6-24 所示。

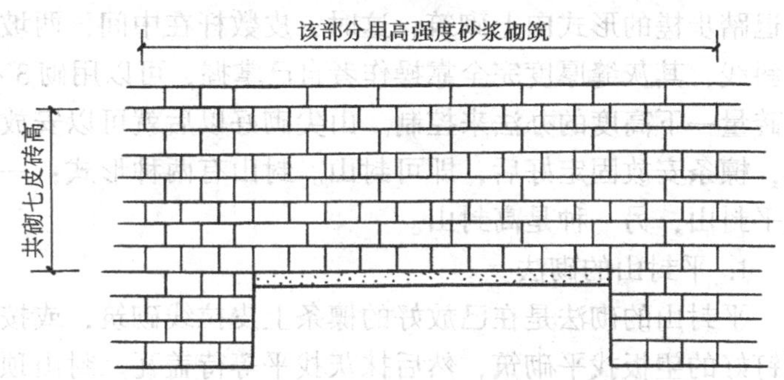

图 6-24　平砌式钢筋砖过梁的做法

六、钢筋混凝土过梁的安装

钢筋混凝土过梁的安装是砌筑工程中经常碰到的工作，其安装方法如下：放置过梁前，先量门窗洞口的高度是否准确；放置过梁时，在支座墙上要垫 1:3 水泥砂浆，再把过梁安放平稳，要求过梁两头的高度一样，可以用水平尺进行校正，梁底标高至少应比门窗口边框高出 5mm，过梁的两侧要与墙面平。如为清水墙，往往过梁下部有一出檐，用半砖嵌贴在挑檐的上部，把梁遮住，由于挑梁只有 60mm，砖不易放牢，可在门窗口处临时支 50mm × 50mm 方木，担一下砖，砌完后拆掉。砌第一皮砖时应用丁砖，每砌完一皮砖，应用细砂浆灌缝，做到灰浆饱满密实。

第五节　封山、出檐的砌筑

一、坡屋顶的封山砌筑

坡屋顶房屋的山墙在墙顶的三角形部位称为山尖，山墙砌至檐口标高后就要向上收山尖。砌山尖时，把山尖皮数杆钉在山墙中心线上，在皮数杆上的屋脊标高处钉上一个钉子，然后向前后檐挂斜线，按皮数杆的皮数和斜线的标志，以退踏步槎的形式向上砌筑，这时，皮数杆在中间，两坡只有斜线，其灰缝厚度完全靠操作者自己掌握，可以用砌3～5皮砖量一下高度的办法来控制。山尖砌好以后就可以安放檩条，檩条安放固定好后，即可封山。封山有两种形式：一种是平封山，另一种是高封山。

1. 平封山的砌法

平封山的砌法是在已放好的檩条上皮拉线砌筑，或按屋面钉好的望板找平砌筑，然后抹灰找平等待盖瓦。封山顶坡的砖要砍成楔形砌成斜坡。

2. 高封山的砌法

高封山的砌法是在脊檩端头钉一小挂线杆，自高封山顶部标高往前后檐拉线，线的坡度应与屋面坡度一致，作为砌高封山的标准。在封山内侧200mm高处挑出60mm的平砖作为滴水檐。高封山砌完后，在墙顶上砌1～2层压顶出檐砖。高封山在外观上屋脊处和檐口处高出屋面应该一致，要做到这一点必须要把斜线挂好。收山尖和高封山的形式分别见图6-25和图6-26。

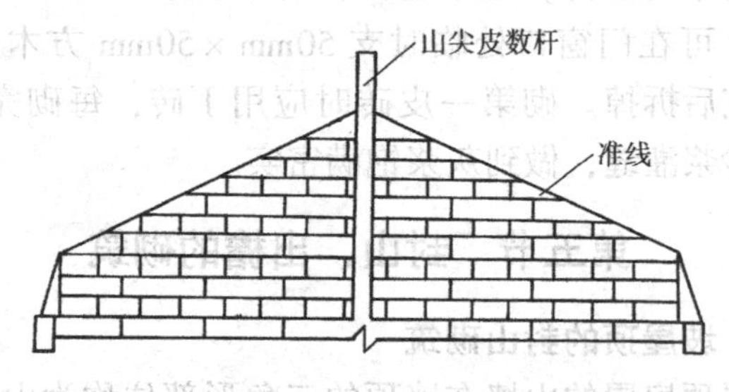

图6-25　收山尖

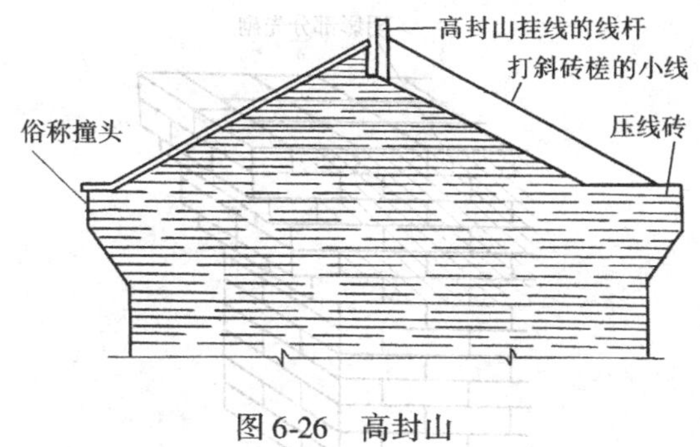

图 6-26 高封山

二、封檐的砌筑

在坡屋顶的檐口部分，前后檐墙砌到檐口底时，先挑出 2～3 皮砖，此道工序被称为封檐。封檐前应检查墙身高度是否符合要求，前后两坡及左右两边是否连接，两端高度是否在同一水平线上。砌筑前先在封檐两端挑出 1～2 块砖，再顺着砖的下口拉线穿平，清水墙封檐的灰缝应与砖墙灰缝错开。

三、挑檐的砌筑

在檐墙做封檐的同时，两山墙也要做好挑檐，挑檐要选用边角整齐的砖。山墙挑檐也叫拔檐，一般挑出的层数较多，要求把砖洇透水，砌筑时灰缝严密，特别是挑层中，竖向灰缝必须饱满，砌筑时，先砌丁砖，锁住后再砌第二皮出檐砖；宜由外往里水平靠向已砌好的砖，将竖缝挤紧，砖放平后不宜再动，然后再砌一块砖把它压住。砌挑檐砖时，头缝应披灰，同时外口应略高于里口。当出檐或拔檐较大时，不宜一次完成，以免重量过大造成水平缝变形而倒塌，拔檐（挑檐）的做法如图 6-27 所示。

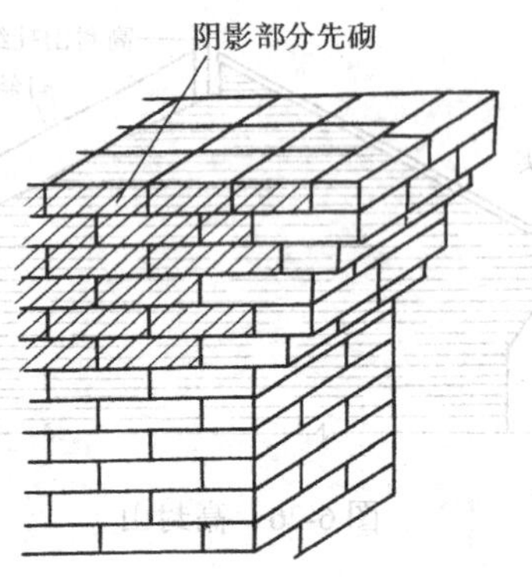

图 6-27　拔檐（挑檐）的做法

第六节　墙体砌筑的构造处理

一、构造柱边的处理

因抗震的要求，目前砖混结构的建筑均在墙体内设置构造柱。一般情况是先砌墙，留出柱子的空档，然后绑扎钢筋，支模浇筑混凝土，使砖墙和混凝土形成整体。构造柱与墙同厚。留空档时，要根据设计位置弹出墨线，砖墙与柱连接处砌成大马牙槎，每个马牙槎沿高度方向不宜超过 5 皮砖，砖墙与构造柱之间沿高度方向每 500mm 设置 2ϕ6mm 水平拉结钢筋，每边伸入墙内不少于 1m。马牙槎的砌筑应注意要“先退后进”，即起步时应后退 1/4 砖，5 皮砖后砌至柱宽位置，而且要对称砌筑，做法如图 6-28 所示。

二、梁底和板底砖的处理

砖墙砌到楼板底时应砌成丁砖层，如果楼板是现浇的，并直接支承在砖墙上，则应砌低一皮砖，使楼板的支承处混凝土加厚，支承点得到加强。填充墙砌到框架梁底时，墙与梁底的缝隙要用铁楔子或木楔子打紧，然后用 1:2 水泥砂浆嵌填密

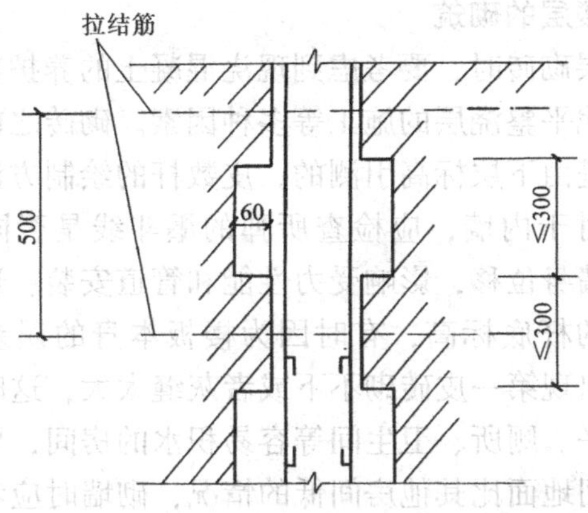

图 6-28　构造柱处大马牙槎的留设

实。如果是混水墙，可以用与平面交角成45°～60°的斜砌砖顶紧（俗称走马撑或鹅毛皮）；假如填充墙是外墙，应等墙体沉降结束，砂浆达到强度后再用楔子打紧，然后用 1:2 水泥砂浆嵌填密实，因为这一部分是薄弱点，最容易造成外墙渗漏，施工时要特别注意。梁板底的处理如图 6-29a、b 所示。

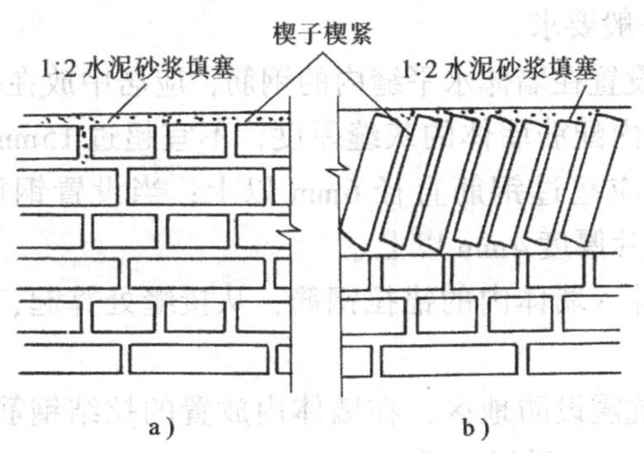

图 6-29　填充墙与框架梁底的砌法
a）清水墙　b）混水墙

三、楼层的砌筑

在楼层砌砖时，要考虑到现浇混凝土的养护期、多孔板的灌缝、找平整浇层的施工等多种因素。砌砖之前要检查皮数杆是否是由下层标高引测的，皮数杆的绘制方法是否与下层吻合。对于内墙，应检查所弹的墨斗线是否同下层墙重合，避免墙身位移，影响受力性能和管道安装；还要检查内墙皮数杆的杆底标高，有时因为楼板本身的误差和安装误差，可能出现第一皮砖砌不下或者灰缝太大，这时要用细石混凝土垫平。厕所、卫生间等容易积水的房间，要注意图样上该类房间地面比其他房间低的情况，砌墙时应考虑标高上的高差。

楼层外墙上的门、窗、挑出件等应与底层或下层门、窗挑出件等在同一垂直线上，分口线应用线锤从下面吊挂上来。楼层砌砖时，特别要注意砖的堆放不能太多，不准超过允许的荷载，如造成房屋楼板超荷，有时会引起重大事故。

四、配筋墙体的砌筑

1. 一般要求

1）设置在墙体水平缝内的钢筋，应居中放在砂浆层中。水平灰缝内配筋墙体的灰缝厚度，不宜超过15mm；当设置钢筋时，应超过钢筋直径6mm以上；当设置钢筋网片时，应超过网片厚度4mm以上。

2）伸入墙体内的锚拉钢筋，从接缝处算起，不得少于500mm。

3）抗震设防地区，在墙体内放置的拉结钢筋一般要求沿墙高500mm设置一道。

2. 配筋砖墙体

1）钢筋砖圈梁内，钢筋搭接长度应大于40倍钢筋直径，端头应做成弯钩。

2）钢筋砖圈梁和钢筋砖过梁内的钢筋应均匀、对称放置。

3. 混凝土构造柱、圈梁和配筋带

1）设置钢筋混凝土构造柱的墙体，应按先砌墙后浇柱的施工程序进行。

2）构造柱与墙体的连接处应砌成马牙槎，从每层柱脚开始先退后进，每一马牙槎沿高度方向的尺寸不宜超过300mm，沿墙高每500mm设2ϕ6mm的拉结钢筋，每边伸入墙内不宜小于1m。

3）在砌完一层墙后和浇灌该层构造柱混凝土之前，是否对已砌好的独立墙片采取临时支撑等措施应根据风力、墙高确定。必须在该层构造柱混凝土浇完之后，才能进行上一层的施工。

第七节　清水墙的勾缝

墙体砌筑完毕，门窗框安装妥善后，清水墙外墙的装修工序就是勾缝。勾缝的作用是增加墙面美观，保护墙体的灰缝免遭侵蚀。砌筑清水砖墙面应保持清洁，清水墙砌筑完毕要及时抠缝，可以用小钢皮或竹棍抠，也可以用钢线刷剔刷。抠缝深度应根据勾缝形式来确定，一般为8～10mm；深浅应一致，并清扫干净，为勾缝做准备，对于混水墙只需随砌随刮舌头灰即可。

一、清水墙勾缝的形式

清水墙勾缝的形式一般有4种：平缝、凹缝、斜缝、半圆形凸缝，如图6-30a～d所示。

（1）平缝　操作简便，勾成的墙面平整，不易剥落和积

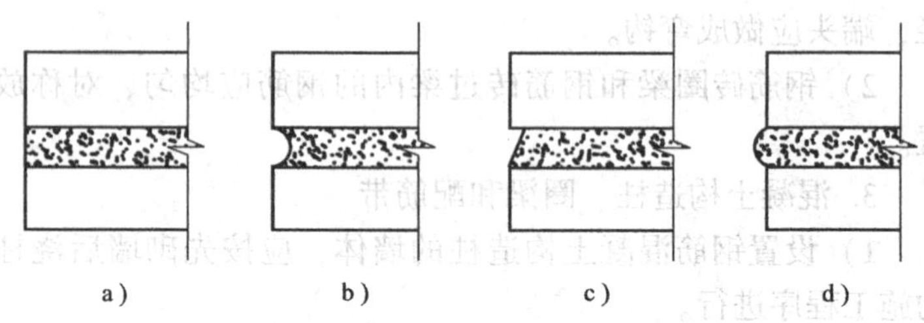

图6-30　勾缝的形式

a）平缝　b）凹缝　c）斜缝　d）半圆形凸缝

污，防雨水的渗透作用较好，但墙面较为单调。平缝一般采用深浅两种做法，深的约凹进墙面3～5mm。

（2）凹缝　凹缝是将灰缝凹进墙面5～8mm的一种形式，凹面可做成半圆形，勾凹缝的墙面有立体感。

（3）斜缝　斜缝是把灰缝的里口压进墙面3～4mm，下口与墙面平，使其成为斜面向上的缝，斜缝泻水方便。

（4）凸缝　凸缝是在灰缝面做成一个半圆形的凸线，凸出墙面约5mm左右。凸缝墙面线条明显、清晰、美观，但操作比较费事。

二、清水墙勾缝的施工

1. 清水墙勾缝的材料准备

勾缝一般使用稠度为40～50mm的1:（1～1.5）的水泥砂浆，水泥采用325号水泥，砂子要经过3mm筛孔的筛子过筛。因砂浆用量不多，一般采用人工拌制。

2. 清水墙勾缝的基面清洁

勾缝以前应先将脚手眼清理干净并洒水湿润，再用与原墙相同的砖补砌严密，同时要把门窗框周围的缝隙用1:3水泥砂浆堵严嵌实，深浅要一致，并要把碰掉的外墙窗台等补砌好。此外，要对灰缝进行整理，对偏斜的灰缝要用钢凿剔凿，缺损处用1:2水泥砂浆加氧化铁红调成与墙面相似的颜色修补（俗称做假砖）；对于抠挖不深的灰缝要用钢凿剔深，最后将墙面粘接的泥浆、砂浆、杂物清除干净。

3. 清水墙勾缝的施工方法

勾缝前1d应将墙面浇水洇透，勾缝的顺序是从上而下，自左向右；先勾横缝，后勾竖缝。

（1）勾横缝的操作方法　勾横缝的操作方法是左手拿托灰板紧靠墙面，右手拿长溜子，将托灰板顶在要勾的缝口下边，右手用溜子将灰浆喂入缝内，同时自右向左随勾随移动托灰板，勾完一段后，再用溜子自左向右在砖缝内溜压密实，使其平整，深浅一致（见图6-31a）。

（2）勾竖缝的操作方法　勾竖缝的操作方法是用短溜子在托灰板上把灰浆刮起（俗称刁灰），然后勾入缝中，使其塞压紧密、平整（见图6-31b）；砖墙勾缝宜采用凹缝（深4～5mm）或平缝。

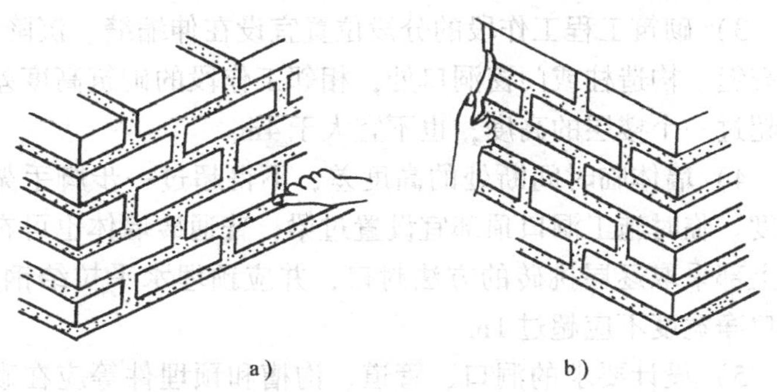

图6-31　勾缝的操作方法
a）勾横缝　b）勾竖缝

三、清水墙勾缝的施工要求

勾好的横缝与竖缝要深浅一致，交圈对口，一段墙勾完

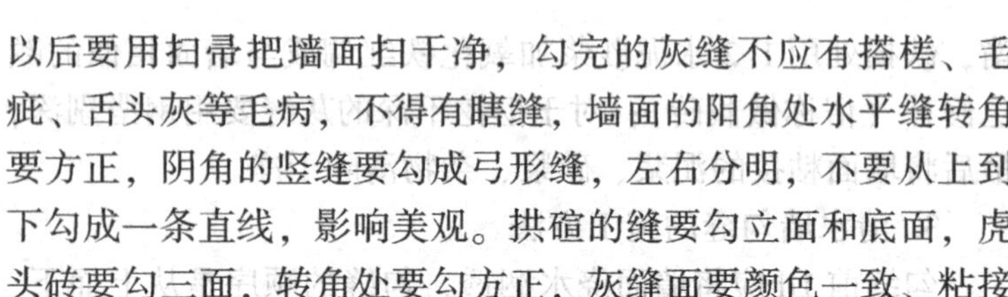

以后要用扫帚把墙面扫干净，勾完的灰缝不应有搭楂、毛疵、舌头灰等毛病，不得有瞎缝，墙面的阳角处水平缝转角要方正，阴角的竖缝要勾成弓形缝，左右分明，不要从上到下勾成一条直线，影响美观。拱碹的缝要勾立面和底面，虎头砖要勾三面，转角处要勾方正，灰缝面要颜色一致、粘接牢固、压实抹光、无开裂，砖墙面要洁净。

第八节 砌筑工程的注意事项

一、砌筑过程中的注意事项

1）伸缩缝、沉降缝、防震缝中，不得夹有砂浆、块材碎渣和杂物等。

2）墙体表面平整度、垂直度校正必须在砂浆终凝前进行。墙体水平灰缝的砂浆饱满度不得小于80%；竖缝宜采用挤浆或加浆方法，不得出现透明缝。严禁用水冲浆灌缝。有特殊要求的墙体，灰缝的砂浆饱满度应符合设计要求。

3）砌筑工程工作段的分段位置宜设在伸缩缝、沉降缝、防震缝、构造柱或门窗洞口处，相邻工作段的砌筑高度差不得超过一个楼层的高度，也不宜大于4m。

4）墙体临时间断处的高度差，不得超过一步脚手架的高度。临时施工洞口顶部宜设置过梁，普通砖墙体也可在洞口上部采取逐层挑砖的方法封口，并应预埋水平拉结钢筋，洞口净宽度不应超过1m。

5）设计要求的洞口、管道、沟槽和预埋件等应在砌筑时正确留出或预埋。宽度超过300mm的洞口，应砌筑成平拱或设置过梁。多孔砖、空心砖、小砌块墙体表面不得留置水平沟槽。墙体中的预埋件应作防腐防锈处理，预埋木砖的木纹应与钉子垂直。

6）通气道、垃圾道等采用水泥制品时，接缝处外侧宜带有槽口，安装时除坐浆外，尚应采用1:2水泥砂浆将槽口填封密实。

7）墙体施工时，楼面和屋面堆载不得超过楼板的允许荷载值，施工层进料口的楼板下，宜采取临时加撑措施。

8）搁置预制梁、板的墙体顶面应找平，并应在安装时坐浆。钢筋砖过梁上与梁成60°角的三角范围内不可设置脚手眼。

9）尚未安装楼板或屋面的墙和柱，当可能遇大风时，其允许自由高度不得超过相关的规定。如超过规定，必须采用临时支撑等有效措施。

10）雨期施工应防止基槽灌水和雨水冲刷砂浆，砂浆稠度应适当减小，每日砌筑高度不应超过1.2m，收工时，应采用防雨材料覆盖新砌墙体的表面。

11）砖柱和小于1m的窗间墙应选用整砖砌筑，半砖和破损的砖应分散使用在受力较小的砖体中和墙心。

12）在墙上留置临时施工洞口，其侧边离交接处的墙面不应小于500mm。9度以上的地震区建筑物的临时施工洞口位置，应会同设计单位研究确定。

13）当日最低气温低于-15℃时，砌筑承重墙体的砂浆强度等级应按常温施工提高一级。采用掺盐砂浆砌筑时，应对拉结钢筋做防锈处理。

二、成品保护

1）墙体拉结钢筋、抗震构造柱钢筋、墙体钢筋及各种预埋件、暖卫、电气管线等，均应注意保护，不得任意拆改或损坏。

2）砂浆稠度应适宜，砌墙时应防止砂浆溅脏墙面。

3）在吊放平台脚手架或安装大模板（内浇外砌建筑）时，指挥人员和吊车司机要认真指挥和操作，防止碰撞刚砌好的砖墙。

4）在高车架进料口周围，应用塑料薄膜或木板等遮盖，保持墙面洁净。

5）尚未安装楼板或屋面的墙和柱，当可能遇大风时，应采取临时支撑等措施，以保证施工中墙体的稳定性。

6）雨天施工收工时，应覆盖墙体表面。

7）高温干燥季节，上午砌筑的墙体，下午就应该洒水养护。

第九节　砖墙砌筑应预控的质量问题和安全问题

一、砌筑质量的主控项目

1. 砖和砂浆

砖和砂浆的强度等级必须符合设计要求。

（1）抽检数量　每一生产厂家的砖到现场后，按烧结砖15万块，多孔砖5万块，灰砂砖及粉煤灰砖10万块为一验收批，抽检数量为1组。砂浆试块的抽检数量同砖基础。

（2）检验方法　查砖和砂浆试块试验报告。

2. 砂浆饱满度

砂浆必须密实饱满，水平灰缝的砂浆饱满度不得小于80%。

3. 外墙转角留槎

砖墙的转角处和交接处应同时砌筑，严禁无可靠措施的内外墙分砌施工。对不能同时砌筑而又必须留置的临时间断处应砌成斜槎，斜槎投影长度不应小于高度的2/3。

4. 直槎留设

非抗震设防及抗震设防烈度为6度、7度地区的临时间断处，当不能留斜槎时，除转角处外，可留直槎，但直槎必须做成凸槎。留直槎处应加设拉结钢筋，拉结钢筋的数量为每120mm墙厚放置1ϕ6mm拉结钢筋。间距沿墙高不应超过500mm，埋入长度从留槎处算起，非抗震设防地区每边均不应小于500mm，对抗震设防烈度6度、7度的地区，不应小于1000mm；末端应有90°弯钩。

5. 允许偏差

砖墙的位置及垂直度允许偏差符合表6-1的规定。

表6-1　砖墙的位置及垂直度允许偏差

<table>
<tr><th>项次</th><th colspan="3">项　　目</th><th>允许偏差/mm</th><th>检验方法</th></tr>
<tr><td>1</td><td colspan="3">轴线位置偏移</td><td>10</td><td>用经纬仪和尺检查或用其他测量仪器检查</td></tr>
<tr><td rowspan="3">2</td><td rowspan="3">垂直度</td><td colspan="2">每层</td><td>5</td><td>用2m托线板检查</td></tr>
<tr><td rowspan="2">全高</td><td>≤10m</td><td>10</td><td rowspan="2">用经纬仪，吊线和尺检查，或用其他测量仪器检查</td></tr>
<tr><td>>10m</td><td>20</td></tr>
</table>

二、砌筑基本项目的质量等级

1. 墙体上下错缝

（1）优良等级　砖柱、垛无包心砌法，窗间墙及清水墙无通缝，混水墙每间无4皮砖的通缝。

（2）合格等级　砖柱、垛无包心砌法，窗间墙及清水墙无通缝，混水墙每间4~6皮砖的通缝不超过3处。

2. 砖墙的接槎

（1）优良等级　接槎处灰浆密实，缝、砖平直，每处接槎部位水平灰缝厚度小于5mm或者透亮缺陷不超过5个。

（2）合格等级　接槎处灰浆密实，砖缝平直，每处接槎部位水平灰缝厚度小于5mm或者透亮缺陷不超过10个。

3. 预埋拉结钢筋

（1）优良等级　数量、长度均符合设计要求和施工规范的规定，留置间距的误差不超过1皮砖。

（2）合格等级　数量、长度均符合设计要求和施工规范的规定，留置间距的误差不超过3皮砖。

4. 留置构造柱

（1）优良等级　留置位置正确，大马牙槎先退后进，上下顺直，残留砂浆清理干净。

（2）合格等级　留置位置正确，大马牙槎先退后进，残留砂浆清理干净。

5. 清水砖墙

（1）优良等级　组砌正确，竖缝通顺，刮缝深度适宜、一致，棱角整齐，墙面清洁美观。

（2）合格等级　组砌正确，刮缝深度适宜，墙面清洁。

6. 砖墙的允许偏差

砖墙的一般尺寸允许偏差应符合表6-2的规定。

表6-2　砖墙的一般尺寸允许偏差

项次	项　　目		允许偏差/mm	检验方法	检验数量
1	基础顶面和楼面标高		±15	用水平仪和尺检查	不应少于5处
2	表面平整度	清水墙、柱	5	用2m靠尺和楔形塞尺检查	有代表性自然间10%，但不应少于3间，每间不应少于2处
		混水墙、柱	8		
3	门窗洞口高、宽（后塞口）		±5	用尺检查	检查批洞口的10%，且不应少于5处

（续）

项次	项　　目		允许偏差/mm	检验方法	检验数量
4	外墙上下窗口偏移		20	以底层窗口为准，用经纬仪或吊线检查	检验批的 10%，且不应少于 5 处
5	水平灰缝平直度	清水墙	7	拉 10m 线和尺检查	有代表性自然间 10%，但不应少于 3 间，每间不应少于 2 处
		混水墙	10		
6	清水墙游丁走缝		20	吊线和尺检查、以每层第一皮砖为准	有代表性自然间 10%，但不应少于 3 间，每间不应少于 2 处

三、砌筑的质量问题及其防治

1. 混水墙粗糙

混水墙出现通缝和花槽通天缝的主要原因是操作人员忽视混水墙的砌筑，因此要使操作者明确砖墙组砌方法的意义不仅是为了美观，更是受力的需要。当利用半砖时应将半砖分散砌于墙中，同时也要满足搭接 1/4 砖长的要求。墙体的组砌形式，应根据所砌部位的受力性质和砖的规格来确定。

2. “螺纹墙”

“螺纹墙”又叫错层，就是砌完一个层高的墙体时，同一层的标高差一皮砖的厚度、不能交圈。这是由于砌筑时没有跟上皮数杆层数的缘故。

解决的办法是首层或楼层的第一皮砖要查对皮数杆的层数及标高，防止到顶砌成螺纹墙。一砖厚墙采用外手挂线，在操作开始时皮数杆附近的操作者要互相招呼、核准皮数。施工人员要及时弹出 0.5m 高的水平线，供操作者核准皮数。

当内外墙有高差时，应以窗台为界由上向下清点砖层数，当砌至一定高度后，可穿看与相邻墙体水平线的平行度，发现偏差应及时纠正。

3. 清水墙游丁走缝

大面积的清水墙面经常出现丁砖竖缝歪斜、宽窄不匀、丁不压中、窗台部位与窗间墙部位的上下竖缝发生错位等现象。产生这种现象的原因主要是砖的规格不好，砖超长，但宽度方向却缩小，在丁顺互换的过程中产生偏差。这种现象事先又没有在干排摆砖中解决，在砌窗间墙时，由于分窗口的边线不在竖缝位置使窗间墙的竖缝搬家、上下错位。另外，采用里脚手砌外墙（反手墙）时，砌到一定高度后穿缝有困难，也是造成游丁走缝的原因。

要避免游丁走缝，排砖是很重要的，一定要认真进行，最好把窗口的位置在排砖时一起考虑。排砖时必须把立缝排匀，砌完一步架子高度，每隔 2m 间距在丁砖立缝处用托线板吊直划线，二步架往上继续吊直弹粉线，由底往上所用七分头的长度应保持一致，上层分窗口位置必须同下层窗口保持垂直。

4. 水平缝大小不均匀，砖墙凹凸不平

产生墙面凹凸不平、水平灰缝不直的原因有：砖不合规格、拉的准线不紧而遇上刮风天、砖过分潮湿、出现游墙、脚手架层面处操作不便等。要改变这种状况，应把过分超标准的砖挑出来用于不重要的地方，特别潮湿的砖不宜上墙或者适当调整砂浆的稠度。脚手架层面处由专人巡回检查操作质量，立皮数杆要保证标高一致，盘角时灰缝要掌握均匀，砌砖时小线要拉紧，防止一层线松，一层线紧。

5. 留槎不符合要求，构造柱未按规定砌筑有些砖墙的接槎处出现通缝，或者后砌部分的砖没有伸至墙根，产生的原因一方面是操作者对接槎的重要性认识不足；另一方面是施工组织不当，造成留槎过多。

纠正的办法是：加强对操作者教育，马牙槎要随砌随清，拉结条及其他加筋要经常清点检查，避免遗漏。在施工组织和安排时，也要统一考虑留槎位置。构造柱砖墙应砌成马牙槎，设置好拉结钢筋；从柱脚开始先退后进；当齿深120mm时，上口一皮进60mm，再上一皮进120mm，以保证混凝土浇灌时上角密实，构造柱内的落地灰、砖渣、杂物要清理干净，防止夹渣。

6. 清水墙面勾缝污染

清水墙面勾缝深浅不一、竖缝不直、十字缝搭接不平等质量问题，主要是墙面浇水不透，有的没有开缝，隙缝太小，溜子无法嵌入缝内。采用加浆勾缝时，因托灰板接触墙面而污染，勾缝结束又未彻底清扫。所以，勾缝前要对墙面浇好水，做好灰缝开补，勾缝结束后要彻底清扫。

四、砌筑工程的安全注意事项

1）检查脚手架：砖瓦工上班前要检查脚手架的绑扎是否符合要求，对于钢管脚手架，要检查其扣件是否松动；雨雪天或大雨以后要检查脚手架是否下沉，还要检查有无空头板和迭头板。若发现上述问题，要立即通知有关人员给予纠正。

2）正确使用脚手架：无论是单排还是双排脚手架，其承载能力都是2.7kPa，一般在脚手架上堆砖不得超过3码，操作人员不能在脚手架上嬉戏及多人集中在一起，不得坐在脚手架的栏杆上休息，发现有脚手架板损坏要及时更换。

3）严禁站在墙上工作或行走，工作完毕应将墙上和脚手架上多余的材料、工具清理干净。在脚手架上砍凿砖块时，应面对墙面，把砍下的砖块碎屑随时填入墙内利用，或集中在容器内运走。

4）门窗的支撑及拉结杆应固定在楼面上，不得拉在脚手架上。

5）山墙砌到顶以后，悬臂高度较高，应及时安装檩条。如不能及时安装檩条，应用支撑撑牢，以防大风刮倒。

6）砌筑出檐时，应按层砌，先砌后部，后砌出檐，以防出檐倾翻。

7）使用卷扬机井架吊物时，应由专人负责开机，每次吊物不得超载，并应安放平稳。吊物下面禁止人员通行，不得将头、手伸入井架。严禁乘坐吊篮上下。

第十节　砖墙砌筑的技能训练

技能训练4　砌筑砂浆的拌制

1. 训练内容

用50kg水泥在搅拌机中拌制M7.5的水泥石灰砂浆。

2. 基本训练项目

(1) 拌制准备

1）机械设备及工具准备：200L的砂浆搅拌机、方铲或者尖铲、灰桶、筛子、水桶、拌灰板、磅秤等。

2）材料准备：325号水泥、石灰膏、砂子、水等。

（2）计算配合比　根据书中表2-28的配合比选择进行计算

$$水泥:石灰膏:砂子=1:0.63:7.3$$

$$水泥=50kg$$

$$石灰膏 = 50kg \times 0.63 = 31.5kg$$

$$砂子 = 50kg \times 7.3 = 365kg$$

用磅秤将使用的材料称好备用。

(3) 加料搅拌 先将砂和水泥投入砂浆搅拌机干拌均匀后，再投入石灰膏，加水搅拌均匀后即可使用，搅拌时间不得低于2min，将搅拌好的砂浆倒出备用。

3. 训练注意事项

1）机械设备及工具的准备应满足砂浆拌制的要求，可根据工地的实际情况，就地取材。

2）配料的精确度应符合要求。

3）加水量可根据砂的含水量、砂浆的流动性要求和气候等情况在师傅的指导下逐步掌握。

技能训练5 “二三八一”砌筑法的训练

1. 训练内容

用“二三八一”砌筑法砌筑混水砖墙5m²。

2. 基本训练项目

（1）砌筑准备

1）工具准备：瓦刀、大铲、刨锛、灰板、灰桶及质量检测工具钢卷尺、托线板、线锤、水平尺、皮数杆等。

2）材料准备：砌筑砂浆的准备见技能训练4；砖的准备，烧结普通砖的规格、强度、外观质量应该满足设计要求；计算用砖量为128块×5＝640块，实际用砖数量约为680块左右（考虑到砍七分头和二寸条等的损耗）。

3）对砌筑的作业面进行清扫、找平。

（2）墙体砌筑

1）按照“二三八一”砌筑法的步骤：双手同时铲灰和

拿砖→转身铺灰→挤浆和接刮余灰→甩出余灰，在师傅的指导下多次反复地训练。

2）质量自检：在砌筑过程中，要随时随地进行自检，真正做到“三层一吊，五层一靠”，保持墙面的垂直平整，发现有偏差，要及时纠正。

3）砌筑工作结束后，要对场地进行清理。

3. 训练注意事项

1）大铲是“二三八一”砌筑法的主要工具，要在训练过程中逐步掌握、熟练使用，要求大铲铲起的灰刚好能砌一块砖，再通过各种手法配合应用，使砌筑工作顺利进行。

2）砌筑用砖必须在砌筑前1~2d进行浇水，使砖的里层吸够一定水分，而且表面阴干。吸水合适的砖，可以保持砂浆的稠度，使挤浆顺利进行。

3）在砌筑过程中，要严格按照规范动作进行训练，切不可随心所欲，养成不好的习惯，影响今后的砌筑。

技能训练6　混合砂浆砌筑一层混水砖墙的训练

1. 训练内容

用混合砂浆砌筑混水砖墙，高为3m，长为4m；墙厚240mm，中间有一个洞口为1m×1m。

2. 基本训练项目

（1）砌筑准备

1）工具准备：瓦刀、大铲、刨锛、灰板、灰桶及质量检测工具钢卷尺、墨斗及托线板、线锤、水平尺、皮数杆等。

2）材料准备：砌筑用混合砂浆和砖的准备，同技能训练4、5。混合砂浆的配合比根据设计的要求进行配制；计算用砖量为 128 块 ×11 = 1408 块，实际用砖数量约为 1500 块左右（考虑到砍七分头和二寸条等损耗），砖应该提前浇水湿润。

3）技术准备：首先进行场地找平，并弹墙身线；然后按设计的要求制作皮数杆，皮数杆要考虑中间洞口的留设；最后在墙的两端立皮数杆并检查核对。

4）对砌筑使用的脚手架进行安全和质量的检查。

5）对砌筑的作业面进行清扫、找平。

（2）墙体砌筑

1）首先是确定组砌形式，混水墙可采用一顺一丁或三顺一丁砌筑形式，然后根据砖墙组砌形式进行排砖摆底，一般第一层砖排为丁砖。排砖时还要考虑墙中间的留设洞口。

2）根据墙身砌筑的角砖要平、绷线要紧；上灰要准、铺灰要活；上跟线，下跟棱；皮数杆立正立直的原则进行墙体的组砌。

3）挂线砌筑：砌墙时主要依靠准线来掌握墙体的平面度，控制砌筑质量，所以在砌筑的过程中要注意掌握好挂线的方法和要求。

（3）洞口的砌筑　要按照窗间墙的砌筑方法进行。洞口部分一般都是一人独立操作，操作时要求跟通线进行砌筑；洞口上部可以用钢筋混凝土预制过梁或者其他方法进行砌筑，搁置预制过梁应在墙体的顶面找平，并应在安装时坐浆。

（4）质量自检

1）墙体表面平整度、垂直度校正必须在砂浆终凝前进行。在砌筑过程中要不断地进行质量检查。“三层一吊，五层一靠”是墙体砌筑必须遵循的质量检查原则。对混水墙的砌筑也应该保持墙面的垂直平整，发现有偏差要及时纠正。

2）砂浆饱满度：墙体砂浆必须密实饱满，水平灰缝的砂浆饱满度不得小于80%。在砌筑的过程中要加以控制。

3）墙体的轴线在砌筑过程中也必须经常进行修正，防止轴线偏差。

4）竖向不得出现通缝，混水墙砌筑时不得有4皮砖的通缝。

3. 训练注意事项

1）砌筑时脚手架上的堆砖不能超过3层，砖要丁头朝外码放。灰斗和其他材料应分散放置，以保证砌筑安全。

2）皮数杆钉于木桩上，在砌筑过程中要经常检查皮数杆是否垂直，标高是否准确，是否在同一平面内。核对所有皮数杆上砖的层数是否一致，每皮厚度是否一致，是保证砌筑质量的关键。

3）排第一皮砖时，不仅要考虑上一层砖的错缝搭接，还要注意洞口以下砖墙和洞口以上砖墙的砌筑，另外，还必须考虑洞口上部合拢时，砖的排列也要达到错缝合理。

技能训练7　砌筑一层清水砖墙的训练

1. 训练内容

用混合砂浆砌筑清水砖墙，高为2m，长为3m，墙厚240mm。

2. 基本训练项目

(1) 砌筑准备

1）工具准备：瓦刀、大铲、刨锛、灰板、灰桶、摊灰尺、溜子及质量检测工具钢卷尺、托线板、线锤、水平尺、皮数杆等。

2）材料准备：砌筑砂浆和勾缝砂浆的准备见技能训练4；砖的准备，烧结普通砖的规格、强度、外观质量应该满足砌筑清水墙的要求；计算用砖量为128块×6＝768块，实际用砖数量约为800块左右（考虑到砍七分头和二寸条等损耗）。

3）技术准备：清水墙砌筑的技术准备基本同混水墙，见技能训练6。

4）对砌筑的作业面进行清扫、找平。砌筑用砖按清水墙的要求运至现场。

（2）墙体砌筑

1）确定组砌形式：可以选择一顺一丁、三顺一丁或者梅花丁的组砌形式；组砌形式确定后，可按照图6-5～图6-16的形式确定接头形式。

2）排砖摆底：清水墙的排砖是按“山丁檐跑”的规律摆一皮砖，排砖时可根据砖的实际长度尺寸的平均值来确定竖缝的大小，并考虑清水墙立缝应上下通顺，垂直一致；不游丁走缝，并不得随意变动。

3）根据墙身砌筑的角砖要平、绷线要紧；上灰要准、铺灰要活；上跟线，下跟棱；皮数杆立正立直的原则进行墙体的砌筑。

4）挂线砌筑：砌筑时必须拉通线，在实际的砌筑时，如果挂线长度超过20m，为了防止线因自重而下垂，必须在墙身的中间砌上一块挑出30～40mm的腰线砖，托住准线，然后从一端穿看平直，再用砖将线压住。

（3）质量自检　在砌筑清水墙过程中，为了保证墙面的美观，要随时随地进行自检，严格做到“三层一吊，五层一靠”，保持墙面的垂直平整，同时要注意水平灰缝和竖向灰缝的砂浆饱满度，发现有偏差要及时纠正。

（4）清水墙的勾缝　清水墙砌筑完毕要及时抠缝；抠缝应深浅一致，并清扫干净，为勾缝做准备；勾缝砂浆可使用稠度为40～50mm的1∶1.5的水泥砂浆；勾缝的顺序是从上而下，自左向右，先勾横缝，后勾竖缝。

（5）场地清理　清水墙砌筑和勾缝工作结束后，要及时将墙面清扫干净，保持墙面的清洁美观，同时要清扫砌筑的场地。

3. 训练注意事项

1）清水墙砌筑要求组砌正确，竖缝通顺，刮缝深度适宜、一致，棱角整齐，墙面清洁美观。

2）清水墙砌筑要认真进行排砖摆底，排砖时必须把立缝排匀。砌筑过程中，要经常检查水平灰缝厚度和竖直灰缝的垂直度，使砂浆饱满，灰缝均匀，保持墙面的垂直平整，避免游丁走缝。

3）勾好的平缝与竖缝要深浅一致，交圈对口，一段墙勾完以后要用扫帚把墙面扫干净，勾完的灰缝不应有搭槎、毛疵、舌头灰等毛病，不得有瞎缝，墙面的阳角处水平缝转角要方正，阴角的竖缝要勾成弓形缝，左右分明，不要从上到下勾成一条直线，影响美观。

技能训练8　砌筑混水平碹的训练

1. 训练内容

砌筑混水平碹，窗口宽度为1.2m，墙厚240mm。

2. 基本训练项目

（1）砌筑准备

1）工具准备：瓦刀、大铲、刨锛、灰板、灰桶、根据窗口宽度制作的碹胎板及质量检测工具钢卷尺、墨斗及托线板、线锤、水平尺等。

2）材料准备：水泥砂浆和砖的准备，同技能训练4、5。水泥砂浆的配合比根据设计的要求进行配制，还要准备少量的湿砂砖，并应提前浇水湿润。

3）技术准备：用钢卷尺、托线板、线锤、水平尺对照皮数杆检查窗间墙的水平和垂直度，同时检查两边窗间墙的标高是否一致。

4）对砌筑使用的脚手架进行安全和质量的检查。

（2）平碹的砌筑

1）当砌到窗口的上平时，在窗口的两边墙上留出20～30mm的错台，即碹肩；然后砌筑碹的两侧墙，称做碹膀子。碹膀子要砍成坡度，按一砖碹上端斜进去30～40mm的要求进行砌筑。

2）两边的碹膀子砌筑够高度后，在窗口处支上碹胎板，碹胎板的长度应为窗口宽度1.2m；宽度应与墙厚相等为240mm。胎模支好后，先在板上铺一层湿砂，使中间厚20mm、两端厚5mm，作为碹的起拱。碹的砖数必须为单数，跨中一块，其余左右对称。

3）要先排好块数和立缝宽度，用红铅笔在碹胎板上划好线，才不会砌错。发碹时从两侧同时往中间砌，发碹的砖应用披灰法打好灰缝，不过要留出砖的中间部分不披灰，留待砌完后灌浆。最后发碹的中间一块砖要两面打灰往下挤塞，俗称锁砖。

4）发碹时要掌握好灰缝的厚度，上口灰缝不得超过15mm，下口灰缝不得小于5mm。灰缝要饱满，要把砖挤紧，自身要同墙面平整。拱底应有1%的起拱，碹胎板必须在灰缝砂浆强度大于设计强度50%时，方可拆除。

3. 训练注意事项

1）砌筑混水平碹时，由于上下口的灰缝不一样（上口大，下口小），在砌筑时要特别注意掌握。

2）碹胎板的刚度、强度必须符合要求，保证在砌筑过程中碹胎板不断裂，不变形。碹胎板与墙体的固定必须牢固。

3）砌筑时脚手架上的堆砖不能超过3层，砖要丁头朝外码放。灰斗和其他材料应分散放置，以保证使用安全。

课题七

砌块墙的砌筑

第一节　砌块墙砌筑的组砌原则和方法

砌块是一种新型的墙体材料，可以充分利用地方资源和工业废渣，并可以节约土地资源和改善环境。砌块按照规格和使用的材料不同，可分为硅酸盐类或者加气混凝土实心砌块和混凝土空心砌块。砌块的规格尺寸应符合建筑平面、层高等模数的要求，这样在施工过程中，可以做到不镶砖或者少镶砖。另外，还要结合材料的性能决定砌块的几何尺寸，如砌块的厚度要由材料的强度、热传导等因素决定，砌块的规格大小还要考虑施工时便于搬运和吊装等因素。

一、砌块墙的组砌原则

（1）砌块排列　砌块排列应以主规格为主进行，排列不足1块时可以用次要规格代替，尽量做到不镶砖。

（2）对称布置　排列时要使墙体受力均匀，注意到墙的整体性和稳定性，尽量做到对称布置，使砌体墙面美观。

（3）错缝咬槎　砌块必须错缝搭接，搭接长度应为砌块长的1/2，或者不少于1/3砌块高，且不小于150mm，纵横墙及转角处要隔层相互咬槎。小型空心砌块在纵横墙及转角处还要求咬槎对孔，使空心孔垂直贯通。

（4）网片加固　当错缝与搭接小于150mm时，应在每皮砌块水平缝处采用 2ϕ6mm 或 2ϕ4mm 钢筋网片连接加固，如图 7-1 所示，加强钢筋长度不应小于 500mm。

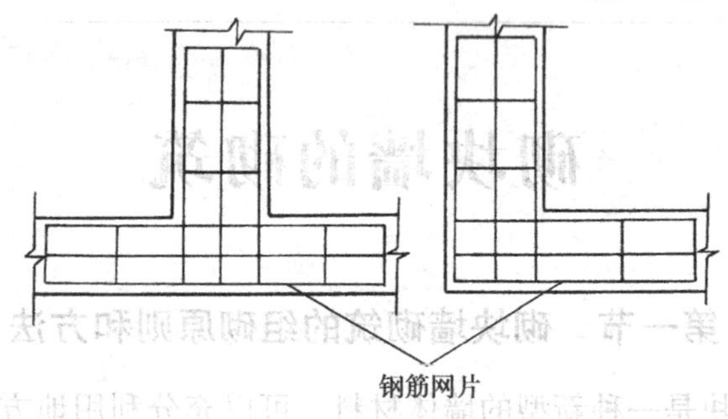

图 7-1　交接处钢筋网片连接形式

（5）分层排列　层高不同的房屋应分层排列，有圈梁的要排列到圈梁底。如果砌块不符合楼层的高度，则可在砌块顶部砌砖补齐，也可以用加厚圈梁混凝土的方法来调节。

二、砌块墙的组砌方法

（1）实心砌块的组砌方法　实心砌块的组砌除了应遵循上述的组砌原则以外，还应根据现场的实际情况确定，一般应先立墙角再砌墙身。实心砌块的转角和交接如图 7-2a、b 所示。

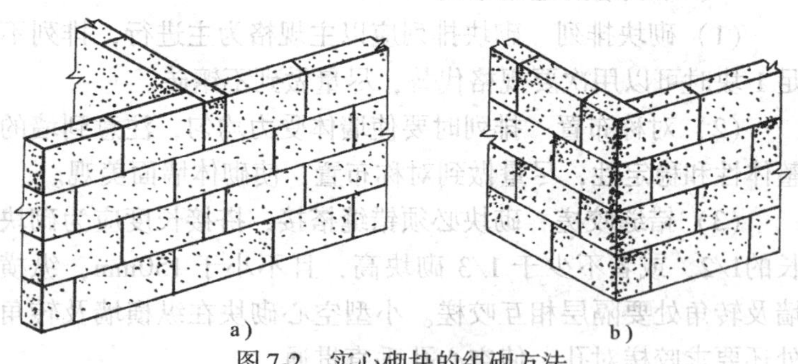

图 7-2　实心砌块的组砌方法

a）T 形搭接　b）转角搭接

(2) 空心砌块的组砌方法　空心砌块的组砌方法如图7-3a ~ c 所示。

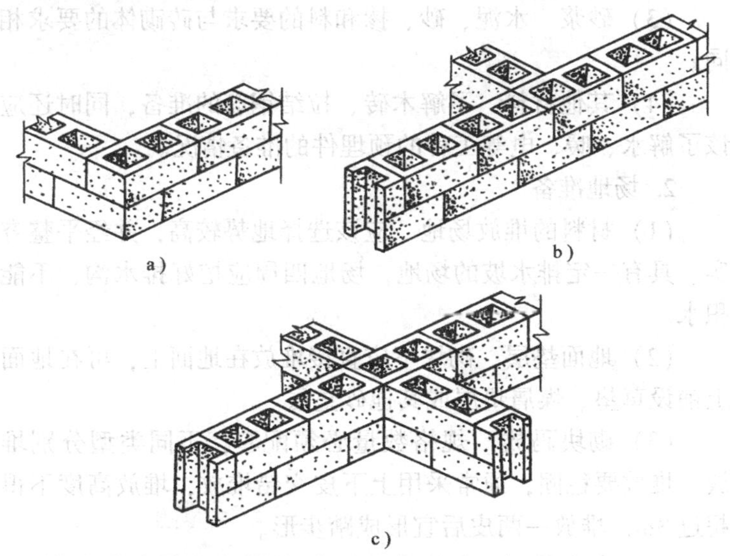

图 7-3　空心砌块的组砌方法

a) 转角搭接　b) T 形搭接　c) 十字搭接

第二节　砌块墙的砌筑施工

一、砌筑的施工准备

1. 材料准备

(1) 砌块　根据设计要求首先要弄清楚砌块的规格、种类、性能和密度。小砌块应按现行国家标准《混凝土小型空心砌块》及出厂合格证进行验收，必要时，可现场取样进行检验。大砌块应了解单块质量，确定砌块的搬运方法。

(2) 砌筑用砖　当砌块的模数不能符合设计尺寸的要求

时，可用普通黏土砖来调整，在选用黏土砖时应注意与砌块的模数相匹配。

（3）砂浆　水泥、砂、掺和料的要求与砖砌体的要求相同。

（4）其他材料　了解木砖、拉结钢筋的准备，同时还应该了解水、暖、电等工种的预埋件的准备情况。

2. 场地准备

（1）材料的堆放场地　应该选择地势较高，并经平整夯实、具有一定排水坡的场地，场地四周应挖好排水沟，不能积水。

（2）地面垫层　砌块不应直接堆放在地面上，可在地面上铺设草垫、煤屑垫层或其他砂垫层。

（3）砌块码放　规格数量必须配套，不同类型分别堆放，堆放要稳固，通常采用上下皮交错堆放，堆放高度不得超过3m，堆放一两皮后宜形成踏步形。

（4）安全距离　砌块堆放地与高压线必须有安全距离，以保证起吊时的安全。

（5）砌块运距　应使砌块与拟建工程运距最短，并尽可能减少二次搬运。

3. 施工机具的准备

（1）砌块夹具　砌块夹、摊灰尺、钢丝绳索。

（2）装卸运输机械　有汽车式起重机、履带式起重机、小车、井架、龙门架、轻便塔吊等，宜根据现场的情况和条件，选择合适的装卸和运输机械。

（3）安装机械

1）台灵架：由起重机、支架、底盘和卷扬机等部件组成，有矩形和正方形两种，如图7-4所示，夹具如图7-5a、b所示。

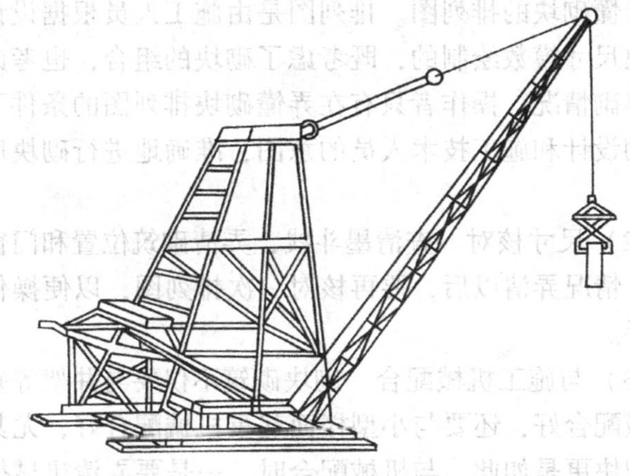

图 7-4　台灵架

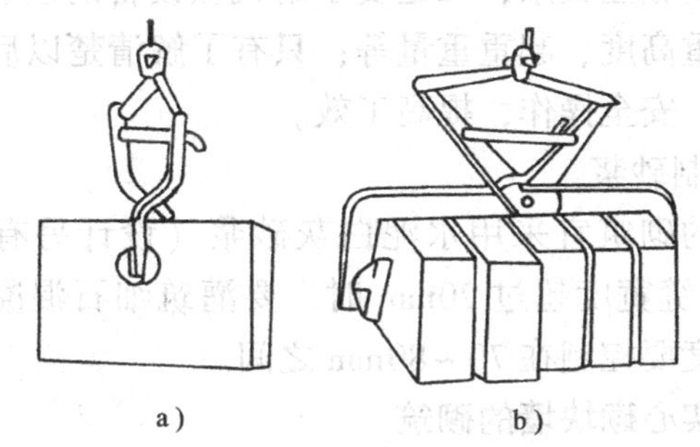

a）　　b）

图 7-5　夹具

a）单块夹　b）多块夹

2）木桅杆：低层建筑的砌块安装可采用木桅杆，但需要加强安全措施，注意安全操作，并系牢缆风绳。

3）轻型塔吊：可用于地面装卸、楼面水平运输、垂直运输，进行综合作业。

4. 技术准备

（1）熟悉图样　除了熟悉建筑平面图和设计详图以外，

还要弄懂砌块的排列图。排列图是由施工人员根据设计图样和砌块尺寸模数绘制的，既考虑了砌块的组合，也考虑了砌块的镶砌情况。操作者只有在弄懂砌块排列图的条件下，才能贯彻设计和施工技术人员的意图，准确地进行砌块墙的砌筑。

（2）尺寸核对　查清墨斗线，弄清砌筑位置和门窗洞口位置，情况弄清以后，要再核对一次排列图，以便操作时得心应手。

（3）与施工机械配合　砌块砌筑不仅要与井架等垂直运输机械配合好，还要与小型楼面起重机械配合好，尤其是大中型砌块更是如此。与机械配合时，一是要弄清机械操作与砌块砌筑的相互关系，二是要了解机械设备的性能，如回转半径、起重高度、起重重量等；只有了解清楚以后才能做到配合默契，安全操作，提高工效。

5. 拌制砂浆

砌块的砌筑宜采用水泥白灰砂浆（设计另有规定的除外），当竖缝宽度超过 20mm 时，要灌筑细石混凝土，砌筑砂浆的稠度要控制在 70～80mm 之间。

二、实心砌块墙的砌筑

1. 砌筑顺序

熟悉施工图和排列图→做好施工准备，找出墨斗线位置→将预先浇好水的砌块吊至指定地点→根据墨线铺摊砂浆→砌块就位和找正→灌嵌竖缝→普通砖镶砌工作→检验质量后勾缝→清扫墙面→清扫操作面。

2. 砌筑要点

（1）基层准备　清扫基层，找出墨斗线，做好砌筑的准备。

（2）砌块浇水 砌筑用砌块要符合墙体的湿度要求。雨季施工时，要做好防雨排水措施，防止砂浆脱落，砌块滑移；冬季施工在冰冻期间，不可浇水润湿砌块，同时应视不同的气候情况采取保暖措施。

（3）砌块吊装到位 砌块吊装应采用摩擦式工具。砌块就位时，应使夹具中心尽可能与墙身中心线在同一垂直线上，使砌块光面在同一侧，垂直落于砂浆层上，待砌块安放稳当后，才可松开夹具。

（4）铺砂浆 用瓦刀或配合摊灰尺铺平砂浆，砂浆层厚度控制在10～20mm（有配筋的水平缝15～25mm），长度控制在一块砌块的范围内。

（5）校正 把砌块平整的面朝向正面，放在铺好的砂浆上，以准线校核砌块的位置和平整度，较大的砌块可用水平尺校正。安装砌块时要防止偏斜及碰掉棱角，也要防止挤走已铺好的砂浆。

要经常用托线板及水平尺检查墙体的垂直度和平整度，少量的偏差可利用瓦刀或撬棍拨正，较大的偏差应抬起后重新摆放，同时要将原铺的砂浆铲除后重新铺设。

（6）灌缝 砌完两块以上的砌块以后，灌缝人员应用内外临时夹板夹住竖缝灌浆。如果竖缝宽度大于20mm，应采用细石混凝土灌注，用竹片插捣密实。灌缝后，砌块一般不准再撬动，以防砂浆和砌块的粘接受损。

（7）镶砖 镶砖工作应紧密配合安装，每皮砌块校正后，即可进行，不要在安装好整个墙身后才镶砖。

（8）勾缝 完成一段墙体的砌筑，应将灰缝抠清，将墙面和操作地点清扫干净，待砂浆或细石混凝土稍收水后，即可进行竖缝和水平灰缝的勾缝。

3. 砌筑注意事项

1）砌块安装前应核对楼地面的水平标高。进行内外墙的测量及弹线，划出墙身边线及门洞尺寸线，必要时还可划出第一皮砌块的排砌位置，并应设皮数杆。

2）吊装前砌块宜大堆浇水湿润，并将表面浮渣及垃圾扫清。

3）镶砌砖的强度等级，应不低于砌块强度等级，镶砖用的砂浆应与砌块砂浆相同。

4）砌块安砌的顺序一般为先外墙后内墙，先远后近，从上到下按流水分段进行安砌，在一个吊装半径范围内，内外墙必须同时砌筑。

5）安砌时，应先吊装转角砌块（俗称定位砌块），然后再安砌中间砌块。砌块应逐皮均匀地安装，不应集中安装一处。

6）砌筑砌块用的砂浆不低于M2.5，宜用混合砂浆，稠度70～80mm，水平灰缝铺置要平整，砂浆铺置长度较砌块稍长一些，宽度宜缩进墙面约5mm。竖缝灌浆应在安砌并校正好后及时进行。

7）砌块吊装应直起直落，下落速度要慢，在离安装位置300mm左右时，操作者要手扶砌块，使其稳妥地摆放在铺好的砂浆层上，待放平稳后才能松开夹具。

8）校正时，一般将墙两端的定位砌块用托板校垂直后，中间部分拉准线校正。

9）在施工分段处或临时间歇处应留踏步槎，每完成一吊装半径的墙体后，要把灰缝抠平压实，并将墙面清扫干净。

10）施工时，所采用的砌块规格、品种、强度等级必须符合设计要求。外观颜色要均匀一致，棱角整齐方正；不得有裂纹、污斑、偏斜和翘曲等现象。

11）当采用台灵架吊装时，其缆风绳的角度应满足要求，并要系紧拉牢。台灵架下的垫头板要垫准垫稳，为使拔杆能灵活转动，台灵架的后部可比前部垫高约50mm，并加好平衡重量。

12）砌块冬期施工使用的砂浆，可掺入化学附加剂，掺入量应参照砖石工程冬期施工的规定执行。在安砌前，应先清除砌块表面的污垢和冰霜，清除冰霜时不要倾注热水，因为水在冷却后反而会在砌块表面结成薄冰层，不利于施工。安砌停歇或下班后，墙面应用草帘覆盖保温。

三、加气混凝土砌块墙的砌筑

1. 加气混凝土砌块的特点

加气混凝土砌块强度较低、密度小、重量轻，一般只用于非承重墙以及框架结构的填充墙、分隔墙等。

2. 砌筑要点

1）砌筑安装方法基本与实心砌块的施工方法相同，只是它的重量轻，有时可以不用机械吊装。

2）砂浆宜采用混合砂浆；砌筑前，砌块宜浇水湿润（加气混凝土砌块含水率宜小于15%，粉煤灰加气混凝土砌块宜小于20%）。

3）当采用加气混凝土砌块作为框架的填充墙或隔断墙时，要求沿墙高每隔1m，用2ϕ6mm的钢筋与承重墙或柱子拉结，钢筋与柱子的连接必须牢固，而且伸入墙内不小于1m，如图7-6所示。墙的上部要求与承重结构嵌牢。

4）加气混凝土砌块强度较低，在运输和堆放时都要十分注意。堆放时地下要垫平，不要堆得过高，防止堆放过程中产生裂缝，造成损失。

5）加气混凝土砌块作为外墙时，必须在外墙面进行饰面处理，以提高墙体的耐久性。

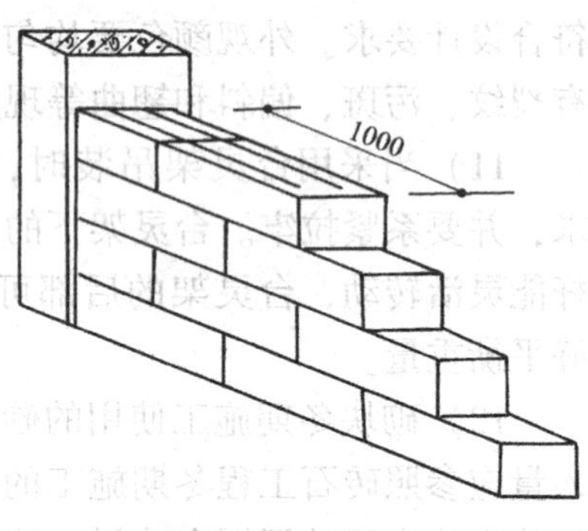

图 7-6　砌块与柱的连接

3. 砌筑注意事项

1）不同干密度和强度等级的加气混凝土砌块不应混砌，加气混凝土砌块也不得和其他砖、砌块混砌。

2）切锯砌块应使用专用工具，不得用斧子或瓦刀等任意砍劈，洞口两侧应选用规则整齐的砌块砌筑。

3）砌筑外墙时，不得留脚手眼。

4）加气混凝土砌块墙与框架结构的连接构造、配筋带的设置与构造、门窗框固定方法与过梁做法以及附墙固定件做法等均应符合设计规定。

5）门窗框安装宜采用后塞口法施工。

四、小型空心砌块墙的砌筑

1. 砌筑顺序

熟悉施工图和排列图→操作者核对排列图→小型空心砌块的砌筑→检验质量后勾缝→清扫墙面→清扫操作面。

2. 砌筑要点

（1）砌筑材料　小型空心砌块的单位重量较轻，一个人可以搬动。混凝土空心砌块用于承重墙或者非承重墙，硅酸盐类空心砌块用于非承重墙。

（2）砌筑准备

1）混凝土小型空心砌块，有多个型号，可使用于不同部位，砌筑前应对砌块的外观、尺寸、强度和龄期等项进行验收检查。

2）基础和底层墙体施工前，应分别用金属直尺校核房屋的放线尺寸。房屋的放线尺寸的允许偏差见表7-1；并应根据房屋尺寸、砌块尺寸和灰缝厚度确定皮数和排数，必要时可画墙体砌块的排列图。

表7-1　房屋放线尺寸的允许偏差

长度 L，宽度 B 的尺寸/m	允许偏差/mm
$L(B) \leqslant 30$	±5
$30 < L(B) \leqslant 60$	±10
$60 < L(B) \leqslant 90$	±15
$L(B) > 90$	±20

3）现场对照排列图，按照所需的规格，将砌块分类运至操作面。

（3）排砖摆底　对照墙体砌块的排列图进行，预排砌块时应尽量采用主规格，从转角或定位处开始向一侧进行，内外墙同时进行排列。纵横墙交错搭接处、T形、十字形墙体的交接处，应尽量使用辅助砌块；要求砌块应错缝对孔搭砌，搭接长度不小于90mm，若个别部位不能满足要求时，应在灰缝处设置拉结钢筋或钢筋网片；但竖向灰缝不得超过两皮砌块。

（4）砌筑墙体

1）小型空心砌块的砌筑应从大角开始，铺好砂浆，砌块就位后，用木锤向外轻击，同时检查水平度和大角的垂直度，水平灰缝是否与皮数杆灰缝持平等，然后交圈砌筑。应在房屋四角或楼梯间转角处设立皮数杆，皮数杆间距不宜超过15m。

2）墙体转角处和纵横墙交接处应同时砌筑。临时间断处应留成斜槎，斜槎水平投影长度不应小于高度的2/3。

3）砌块应底面朝上砌筑，若使用一端有凹槽的砌块时，应将有凹槽的一端接着平头的一端砌筑。砌块水平灰缝的砂浆饱满度（按净面积计算）不得低于90%，竖向灰缝饱满度不得低于80%。竖缝凹槽部位应用砌筑砂浆填实，不得出现瞎缝或者透明缝。

4）砌块要注意竖缝的宽度，防止同一皮砌块最后闭合时接缝太松或太紧，同时要注意闭合砌块在整个墙上参差布置。框架填充墙中，砌块排列至柱边的模数差，当其宽度大于30mm时，竖缝应用细石混凝土填实。

5）墙体不得采用砌块与普通砖等混合砌筑，严禁将断裂砌块用于承重墙体。

6）需要移动墙体中的砌块或砌块被撞动时，应清除原有砂浆，重铺砂浆砌筑。

7）浇灌芯柱：空心砌块墙的转角应设芯柱，其所用的砌块为不封底砌块，在楼地面砌筑第一皮砌块时，芯柱侧面预留孔或用开口砌块，如图7-7所示。

浇筑芯柱混凝土应在砌块墙的砌筑砂浆强度大于1MPa后进行。浇筑混凝土前，须清除砌块芯柱孔洞内的杂物，用水冲洗干净，并注入适量与芯柱混凝土相同的去石水泥砂浆后再浇筑混凝土。浇筑芯柱的混凝土宜选用专用的小型空心砌块灌孔混凝土，若采用普通混凝土时，其坍落度不应小于90mm。

（5）空心砌块墙的构造措施

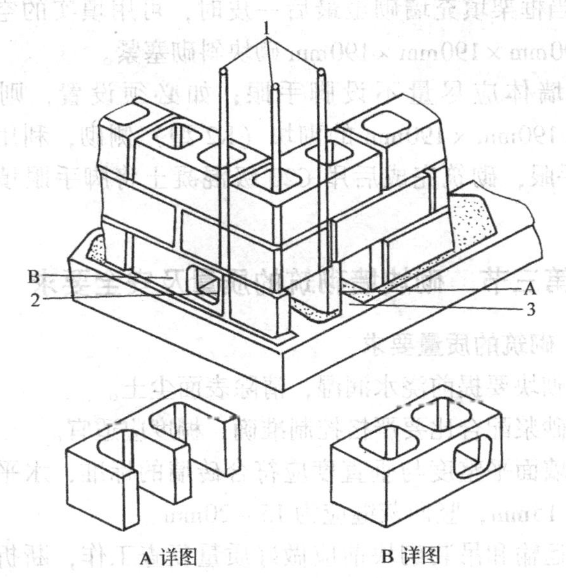

图 7-7　芯柱插筋及操作孔

1—芯柱插筋　2—竖向插筋绑孔　3—清扫操作孔

1）墙体的下列部位应采取构造填实措施：

① ±0.00 以下的墙体，砌块孔洞均用不低于 C20 级混凝土填实。

② 楼板支承处无圈梁时，板下用不低于 C20 级混凝土填实一皮砌块。

③ 当设计无要求时，次梁支承处一般可用不低于 C20 级混凝土填实砌块孔洞，其支承长度不小于 400mm，高度不少于一皮砌块。

④ 当设计无要求时，悬臂梁的悬挑长度若大于或等于 1.2m 时，其支承处的内外墙交接处用不低于 C20 级混凝土填实砌块孔洞，填实高度不少于三皮砌块。

⑤ 当框架填充墙砌至最后一皮时，可用填实的空心砌块或用 90mm×190mm×190mm 砌块斜砌塞紧。

2）墙体应尽量不设脚手眼；如必须设置，则可用 190mm×190mm×190mm 的砌块（K2 型）侧砌，利用其孔洞作脚手眼，砌筑完成后用 C20 级混凝土将脚手眼填塞密实。

第三节　砌块墙砌筑的质量及安全要求

一、砌筑的质量要求

1）砌块要提前浇水润湿，清除表面尘土。

2）砂浆配合比要严格控制准确，稠度应适宜。

3）墙面平整度与垂直度应符合砖墙的标准，水平灰缝应为10～15mm，竖向灰缝应为 15～20mm。

4）运输和吊装砌块前应做好质量复查工作，断折的砌块不宜使用，有裂缝的砌块不宜用在承重墙和清水墙上。

5）校正砌块时不得在灰缝中塞石子或砖片，也不能强烈振动砌块。

6）冬季施工时，砌块不宜浇水。

7）墙体尺寸的允许偏差见表 7-2。

表 7-2　墙体尺寸的允许偏差

序号	项　　目			允许偏差/mm	检　查　方　法
1	轴线位移			10	用经纬仪或拉线和尺检查
2	基础顶面或楼面标高			±15	用水准仪或尺检查
3	墙面垂直度	每层		5	用吊线法检查
		全高	≤10m	10	用经纬仪或吊线和尺检查
			>10m	20	

（续）

序号	项目		允许偏差/mm	检查方法
4	表面平整度	清水墙、柱	5	用2m靠尺检查
		混水墙、柱	8	
5	水平灰缝平直度	清水墙10m以内	7	拉10m线和尺检查
		混水墙10m以内	10	
6	水平灰缝厚度（连续5皮砌块累计数）		±10	用尺量检查
7	垂直灰缝宽度（连续5皮砌块累计数）包括凹面深度		±15	
8	门窗洞口（后塞框）	宽度	±5	
		高度	+15 −5	

二、砌筑的安全要求

1）砌筑用的吊装机械应由专人操作，专人指挥。

2）砌筑人员与吊装机械操作人员和指挥人员应分工明确，密切配合，服从统一指挥。

3）吊装用夹具、索具、杠棒等要经常检查其可靠性和安全度，发现有不合格的夹具、索具、杠棒等应及时更换。

4）砌筑人员不能站在墙上操作，也不能在刚砌好的墙上行走。

5）禁止将砌块堆放在脚手架上备用。

6）6级以上大风停止安装操作。

7）霜雪天应在正式操作前扫尽霜雪，认真检查脚手架，容易滑跌的部位应钉好防滑条。

三、砌筑的质量预控

1. 砌块过于潮湿

砌块的体积较大，如果浇水过多，砌筑时容易发生“游砖”，不易控制墙体的平面度，甚至发生倒塌。预控的方法是：在加气混凝土砌块墙的砌筑过程中，砌块一般可以不浇水，只有气候很干燥炎热的时候，需要在砌筑前喷洒一些水，略做湿润。

2. 丁字墙、十字墙等接槎处出现通缝

由于砌筑安装人员忽略组砌形式，排砖时没有全墙排完就进行砌筑，或者上下皮砖在丁字墙、十字墙处错缝搭接没有排好砖，出现组砌混乱。预控的方法是：要求砌筑人员要熟练地掌握砌块的组砌原则和方法，加强工作的责任感，认真细致地做好排砖摆底工作。

3. 墙面凹凸不平、水平缝不直

由于墙体长度较长，拉线不紧产生下坠，或者中间未定线，风吹长线摆动而造成的。防治的方法是：加强操作人员的责任心，砌筑两端紧线和中间定线要专人负责，勤紧线勤检查，挂线长度不超过 15m；每砌筑 500mm 高左右要用托线板检查一次垂直度。

4. 预埋件和预留洞口安装时松动和不牢固

由于砌筑时没有将预埋件和预留洞口一次性安装牢固。预控的方法是：操作人员要熟悉预埋件和预留洞口的尺寸和位置，预先确定组砌形式，其周边用实心砖（砌块）砌筑；在砌筑时勤检查，发现差错及时纠正，避免安装时再修凿洞口和移动预埋件造成松动。

5. 空心砌块出现对孔对缝

由于砌筑前没有排砖摆底，在纵横墙较多或者墙厚不一致时容易发生。预控的方法是：空心砌块在砌筑时应该错缝对孔搭砌，可以在砌筑前先排砖摆底，在砌筑时可以用配套的砖进行调整。

第四节　砌块墙砌筑技能训练

技能训练9　实心砌块墙的砌筑

1. 训练内容

砌筑混水实心砌块墙，高3m，转角两边各长3m，砌块规格为880mm×380mm×240mm；转角处用钢筋网片配筋。

2. 基本训练项目

（1）砌筑准备

1）材料准备：砌块除了按现行国家标准进行验收外，还要计算单块质量。单块质量为：0.88m×0.38m×0.24m×1600kg/m^3=128kg。按照灰缝厚度为20mm，砌7块砌块的墙高为（380mm+20mm）×7=2800mm=2.8m，离要砌的墙高差为3m−2.8m=0.2m，因此还需要准备普通黏土砖来调整。砂浆采用水泥混合砂浆，砂浆标号选用M5；砂浆的稠度控制在70～80mm之间。转角处连接加固选用ϕ4mm钢筋网片。

2）机械设备的准备：主要有砌块夹、摊灰尺、钢丝绳索和装卸安装机械，可选择小型汽车式起重机，安装前要了解汽车起重机的回转半径、起重高度、最大起重重量等。砌筑安装用脚手架要符合安全和安装的要求。

3）技术准备：根据训练内容的要求，绘制砌块排列图。进行施工放线，特别要注意转角放线的准确无误。

4）人员组织：砌块砌筑是一个多人合作的技术工作，

根据实际情况，组织4~8人协同配合，统一指挥，共同完成砌筑工作。

(2) 实心砌块墙的砌筑

1) 将砌块运至施工场地，根据气候的条件，使砌块符合墙体的湿度要求，砖、砂浆和钢筋网片运至场地附近，清扫基层，做好砌筑的准备。

2) 底层做好砂浆后，将砌块吊装就位，使夹具中心尽可能与墙身中心线在同一垂直线上，使砌块光面在同一侧，垂直落于砂浆层上；待砌块安放稳当后，才可松开夹具。

3) 用瓦刀或配合摊灰尺铺平砂浆，砂浆层厚度要大于20mm，长度控制在一块砌块的范围内。在转角处要安放连接加固用的ϕ4mm钢筋网片。

4) 把砌块平整的面朝向正面，放在铺好的砂浆上，以准线校核砌块的位置和平整度，安装时要防止偏斜及碰掉棱角和挤走已铺好的砂浆。

5) 砌完两块以上的砌块以后，应用内外临时夹板夹住竖缝灌浆。如果竖缝宽度大于20mm，应采用细石混凝土灌注，用竹片插捣密实。灌缝后，砌块一般不准再撬动，以防砂浆粘接受损。

6) 镶砖：镶砖工作应紧密配合安装，每皮砌块校正后，即可进行，不可在安装好整个墙身后才镶砖。

7) 安装完毕后，要及时地清理施工现场，为墙面的粉刷做好准备。

3. 训练注意事项

1) 材料的堆放场地、地面垫层、砌块码放、砌块运距都应该符合施工的要求，并尽可能减少二次搬运。

2) 安装时，应先吊装转角砌块，然后再安砌中间砌块。

砌块应逐皮均匀地安装，不应集中安装一处。

3）水平灰缝铺置要平整，砂浆铺置长度较砌块稍长一些，宽度宜缩进墙面约5mm。竖缝灌浆应在安砌并校正好后及时进行。

4）砌块吊装应直起直落，下落速度要慢，在离安装位置300mm左右时，要手扶砌块，使其稳妥地摆放在铺好的砂浆层上，待放平稳后才能松开夹具。

5）转角处连接加固用的ϕ4mm钢筋网片要按照施工规范进行安放。

技能训练10　小型空心砌块墙的砌筑

1. 训练内容

砌筑小型空心砌块墙，高3m，横墙长4m，纵墙长2m。砌块主规格为390mm×190mm×190mm。

2. 基本训练项目

（1）砌筑准备

1）工具准备：瓦刀、大铲、灰板、灰桶、木锤及质量检测工具钢卷尺、墨斗及托线板、线锤、水平尺等。

2）材料准备：按训练的要求准备主规格390mm×190mm×190mm的砌块，同时根据需要准备部分辅助规格的砌块；对砌块的外观、尺寸、强度和龄期等进行验收检查；砂浆选用水泥混合砂浆，稠度在50～80mm之间。

3）技术准备：进行施工放线，并根据训练要求的墙体尺寸、砌块尺寸和灰缝厚度确定皮数和排数，制作皮数杆，画墙体砌块的排列图。按照所需的规格，将砌块分类运至操作面。

（2）砌筑墙体

1）对照排列图，采用主规格进行排砖，在纵横墙交错搭接的交接处，使用辅助砌块；要求砌块应错缝对孔搭砌，搭接长度不小于90mm。

2）铺好砂浆，砌块就位后，用木锤向外轻击，同时检查水平度和交接处的垂直度，水平灰缝是否与皮数杆灰缝持平等。

3）墙体纵横墙交接处的内外墙应同时砌筑，砌块应底面朝上砌筑，若使用一端有凹槽的砌块时，应将有凹槽的一端接着平头的一端砌筑。

4）砌块水平灰缝和竖向灰缝应砂浆饱满，竖缝凹槽部位应用砌筑砂浆填实，不得出现瞎缝或者透明缝。还要注意竖缝的宽度，防止同一皮砌块最后闭合时接缝太松或太紧。

5）按照训练要求砌筑完成以后，要及时地清理施工场地。

3. 训练注意事项

1）在砌筑过程中，需要移动墙体中的砌块或砌块被撞动时，应清除原有砂浆，重铺砂浆砌筑。

2）墙体在设置脚手眼的地方，用190mm × 190mm × 190mm的砌块侧砌，利用其孔洞作脚手眼，砌筑完成后用C20混凝土将脚手眼填塞密实。

课题八

毛石墙的砌筑

第一节　毛石墙砌筑的基本知识

一、砌筑用石材

1. 石材砌体用材

石材砌体是利用各种天然石材组砌而成，因石材形状和加工程度的不同而分为毛石砌体、卵石砌体和料石砌体三种。毛石一般可分为乱毛石和平毛石；乱毛石系指形状不规则的石块，平毛石虽形状不规则，但大致有两个面是平行的。料石按其加工后的表面平整程度分为细料石、半细料石、粗料石和毛料石四种。毛石、河卵石多用于基础、围墙、护坡等，料石多用于墙身、墙角、拱碹等的砌体中。由于一般石料的强度和密实度比砖好，所以石材砌体的耐久性和抗渗性一般也比砖砌体好。

2. 石料的选择

选择石料时应选择组织紧密、裂痕较少、不易风化的硬石。在砌石前应将石料表面泥垢冲洗掉。冬季施工时，为了防止石面上的泥垢或霜雪影响石块和砂浆的粘接，要将表面霜雪清扫干净。天气炎热时，在砌筑前应浇水湿润，否则砂浆中水分很快被石料吸收，会影响砂浆与石料的粘接。

3. 石料和石砌体中的几个名称

（1）石料的面　我们把石料面向操作者的一面叫作正面，背向操作者的叫背面，向上的叫顶面，向下的叫底面，其余就是左右侧面。

（2）石砌体的灰缝　上下向的叫竖缝，其余的就叫横缝。

（3）石层　砖砌体有“皮”的区别，石砌体就叫作层，料石砌体层次分明，毛石砌体很难分层，但要求隔一定高度砌成一个接近水平的层次。

（4）顺石、丁石和面石　与砌体一样，我们把石料长边平行而外露于墙面的叫顺石，长边与墙面垂直、横砌露出侧面或端面的叫丁石（也叫顶石），石砌体中露出石面的外层砌石叫作面石。

（5）角石　角石又叫作护角石，砌筑于石砌体的角隅处，要求至少有两个平正而且近于垂直的大面。

（6）拉结石　横砌的丁石，其长度要求贯穿整个墙厚的2/3以上，最好是六面整齐的石料，而且具有一定的厚度。

（7）腹石、垫石　对于较大的石料砌体，砌叠于面石和角石范围之内的叫作腹石，垫石又叫作垫片，主要用来嵌填石块，使之平正。特别是干砌毛石砌体，垫片是砌体的重要组成部分。

二、毛石砌体的特点

毛石砌体具有强度高、防潮、耐磨性强、耐风化腐蚀等特点，石材是一种良好的天然建筑材料，但是对于一些有振动荷载的房屋、地震烈度为7度以上的地区，以及地基有可能产生较大沉降的建筑物，不宜采用毛石砌筑。

三、毛石砌体使用的砂浆

砌石使用的砂浆，一般与砌砖所用砂浆相同，常用的砂浆强度等级有 M2.5 和 M5，但由于石料的吸水率较砖为小，所以用的砂浆稠度应较砌砖为小，一般为 50～70mm。当地下水位较高时，石砌体经常处于地下水位以下，地下水位经常变化处，以及处于土质潮湿的情况下，应该用水泥砂浆代替混合砂浆。

第二节　毛石砌体的砌筑方法

一、毛石砌体的组砌形式

毛石砌体的组砌形式一般有三种：一是丁顺分层组砌法；二是丁顺混合组砌法；三是交错混合组砌法。前两种方法适用于石料中既有毛石，又有条石和块石的情况；第三种方法适用于毛石占绝大多数的情况。由于所用的石料不规则要求每砌一块石块要与左右上下有叠靠、与前后有搭接、砌缝要错开。每砌一块石块都要放置稳固。有的毛石要用垫片稳固，但要求每一石块至少有四个点能与上下左右的其他石块有直接叠靠，不能只靠垫片起作用。由于毛石砌体所用石料多数是不规则的，在砌筑时，叠靠点应居于石块的外半部，而且要选择较大、较整齐的面朝外，每隔一定距离要砌一块拉结石。毛石砌体的组砌形式如图 8-1a～c 所示。

二、毛石砌筑中的选石

毛石从山上开采下来是不规则的，要通过选石和修整才能合理地砌到墙上去。选石中首先是剔除风化石，对过分大的石块要用大锤砸开，使毛石的大小适宜（一般以每块重 30kg 左右，一个人能双手抱起为宜）。由于岩石纹理的缘故，毛石虽然不规则，但一般有两个大致平整的面，砸选毛石时要充分利用这一有利条件。

砌石时，以目测的方法来选定合适的石块，根据砌筑部

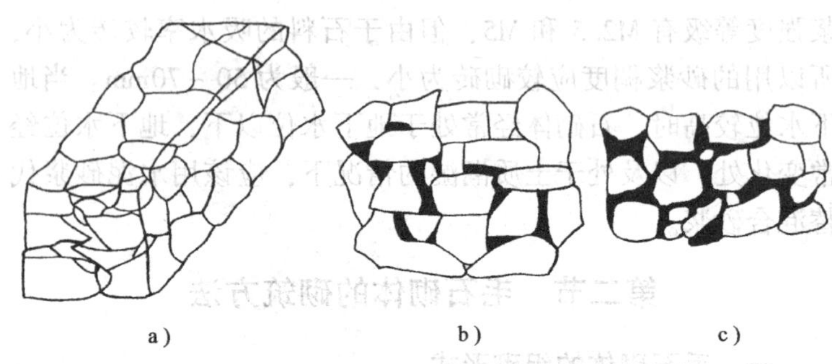

a)　　b)　　c)

图 8-1　毛石砌体的组砌形式

a) 砌筑形式　b) 毛石的杂纹砌法　c) 毛石的弧纹砌法

位槎口的形式和大小、墙面的缝式要求等来挑选。挑选石块是技术性和艺术性很强的工作，要通过大量的实践才能积累经验，取得较好的砌筑效果。

三、毛石的砌筑方法

毛石的砌筑有浆砌法和干砌法两种形式。

1. 浆砌法

浆砌法又分灌浆法和挤浆法。

1) 灌浆法适用于基础，其方法是：按层铺放块石，每砌 3 ~ 4 皮为一分层厚度，每个分层高度应找一次平，然后灌入流动性较大的砂浆，边灌边捣，对于较宽的缝隙，可在灌浆后打入小石块，挤出多余的砂浆。

2) 挤浆法是先铺筑一层 30 ~ 50mm 厚的砂浆，然后放置石块，使部分砂浆挤出，砌平后再铺浆，并把砂浆灌入石缝中，最后砌上面一层石块。挤浆砌筑法是常用的方法。

2. 干砌法

干砌法适用于受力较小的墙体，其方法是：先将较大的石块进行排放，边排放边用薄小石块或石片嵌垫，逐层砌筑，砌成以后可用水泥砂浆勾嵌石缝。干砌法工效较低，并且整体性较浆砌法差。

第三节　毛石墙的砌筑施工

毛石墙一般可用作挡土墙、堤岸、护坡、围墙和一些公共建筑的局部装饰墙等。山区等石材来源丰富的地方，还可用在单层房屋的墙体和多层房屋的底层墙部分。

一、毛石墙身砌筑的顺序

砌筑准备→确定砌筑方法→砌筑→收尾。

二、毛石墙的砌筑操作

1. 毛石墙的砌筑准备

1）砌毛石墙应在基槽和室内回填土完成以后进行，由于毛石比较笨重，应尽量双面搭设脚手架砌筑。

2）认真阅读图样，明确门窗洞口、预埋件的位置和埋设方法，了解施工流水段，确定材料运输顺序和道路，减少二次搬运。

3）毛石墙也要绘出皮数杆，不过皮数杆不可能像砖墙一样有确定的皮数，但是要根据图样在皮数杆上表示出窗台、门窗上口、圈梁、过梁、预留洞、预埋件、楼板和檐口等，这样在砌筑时可以控制毛石墙的尺寸和预留洞口。

4）检查原材料：砌毛石墙的原材料与砌毛石基础的要求一样，值得重视的是石块不能缺棱、少角和外形过于不规则。

5）检查基础顶面的墨线是否符合设计要求，标高是否达到。

2. 毛石墙的砌筑方法

（1）采用角石的砌法　角石要选用三面都比较方正而且比较大的石块，缺少合适的石块时应该加工修整。角石砌好以后可以架线砌筑墙身，墙身的石块也要选基本平整的放在外面，选择墙面石的原则是“有面取面，无面取凸”，同一层的毛石要尽量选用大小相近的石块，同一堵墙的砌筑，应把大的石块砌在下面，小的砌到上面，这样可以给人以稳定感。如果是清水墙，应该选取棱角较多的石块，以增加墙面的装饰美。

（2）采用砖抱角的砌法　砖抱角的做法如图 8-2 所示。

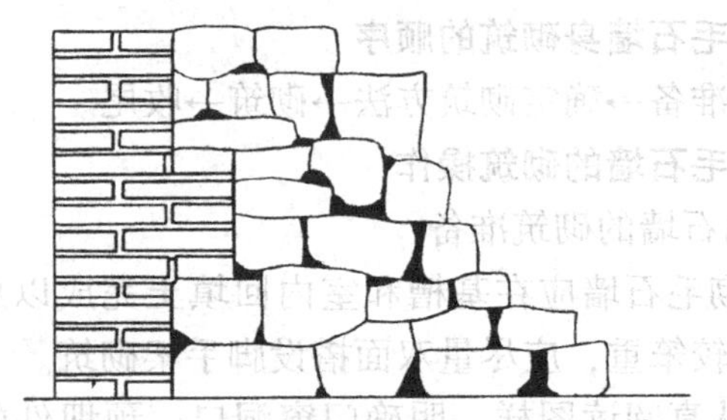

图 8-2　毛石墙的砖抱角的砌法

砖抱角是在缺乏角石材料，又要求墙角平直的情况下使用的。它不仅可用于墙的转角处，也可以使用在门窗口边。砖抱角的做法是在转角处（门窗口边）砌上一砖到一砖半的角，一般砌成五进五出的弓形槎。砌筑时应先砌墙角的五皮砖，然后再砌毛石，毛石上口要基本与砖面平，待毛石砌完这一层后，再砌上面的五皮砖，上面的五皮要伸入毛石墙身半砖长，以达到拉结的要求。

3. 毛石墙的砌筑要求

1）墙身的砌筑要求：因毛石墙的砌筑要求比基础高，更应重视选石的工作，而且要注意大小石块搭配，避免把好石块在下半部用完，增加砌筑上部墙身时的困难。墙角的各层石块应互相压搭，不得留通缝，如图 8-3a、b 所示。

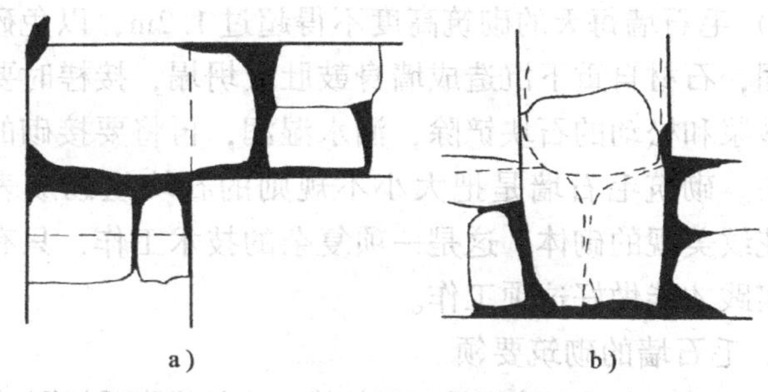

图 8-3 毛石墙的转角和接头
(虚线表示下层石块位置)
a) 墙角 b) 丁字接头

2) 毛石墙砌好一层以后，要用小石块填充墙体空隙，不能只填砂浆不填石块，也不能只填石块，使砂浆无法进入。墙身要考虑左右错缝，也要考虑里外咬接，要正确使用拉结石，毛石砌体的拉结石要上下层相互错开，在墙上呈梅花形分布，并且要在里外两面交错放置，避免砌成夹心墙。图 8-4a、b 是毛石墙的断面图，说明墙身的错误做法和正确做法。

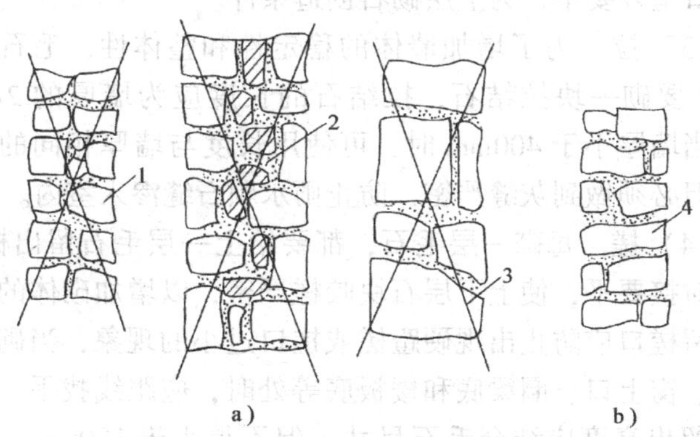

图 8-4 毛石墙身的砌筑
a) 不正确 b) 正确
1—淌水石 2—夹心墙 3—铲口石 4—连心石

3）毛石墙每天的砌筑高度不得超过1.2m，以免砂浆没有凝固，石材自重下沉造成墙身鼓肚或坍塌，接槎时要将槎口的砂浆和松动的石块铲除，洒水湿润，再将要接砌的石墙接上去。砌筑毛石墙是把大小不规则的石块组砌成表面平整、花纹美观的砌体，这是一项复杂的技术工作，只有不断反复实践才能做好这项工作。

4. 毛石墙的砌筑要领

（1）搭　砌毛石墙都是双面挂线、内外搭脚手架同时操作，要求里外两面的操作者配合默契。所谓搭，就是外面砌一块长石，里面就要砌一块短石，使石墙里外上下都能错缝搭接。

（2）压　砌好的石块要稳，要承受得住上面的压力；上面的石块要摆稳，而且要以自重来增加下层石块的稳定性。砌好的石块要求“下口清、上口平”。下口清就是石块有整齐的棱边，砌入墙身前先要进行适当加工，打去多余的棱角，砌完后做到外口灰缝均匀，里口灰缝严密。上口平是指留槎口里外要平，为上层砌石创造条件。

（3）拉　为了增加墙体的稳定性和整体性，毛石墙每$0.7m^2$要砌一块拉结石，拉结石的长度应为墙厚的2/3以上，当墙厚小于400mm时，可使用长度与墙厚相同的拉结石，但必须做到灰缝严密，防止雨水顺石缝渗入室内。

（4）槎　每砌一层毛石，都要给上一层毛石留出槎口，槎的对接要平，使上下层石块咬槎严密，以增加砌体的整体性。留槎口应防止出现硬蹬槎或槎口过小的现象，当砌到窗下口、窗上口、圈梁底和楼板底等处时，应跟线找平。找平槎口留出高度应结合毛石尺寸，但不得小于100mm，然后用小块石找平。

（5）垫　毛石砌体要做到砂浆饱满，灰缝均匀。由于毛石本身的不规则性，造成灰缝的厚薄不同，砂浆过厚，砌体容易产生压缩变形；砂浆过薄或块石之间直接接触，容易应力集中，影响砌体强度，因此在灰缝过厚处要用石片垫塞，石片要垫在里口不要垫在外口，上下都要填抹砂浆。

5. 毛石墙砌筑的收尾

砌筑结束时，要把当天砌筑的墙都勾好砂浆缝，并根据设计要求的勾缝形式来确定勾缝的深度。当天勾缝，砂浆强度还很低，操作容易。当天勾缝既是补缝又是抠缝，对砂浆不足处要补嵌砂浆，对于多余的砂浆则应抠掉，可以采用抿子、溜子等作业。墙缝抹完后，可用钢丝刷、竹丝扫帚等清刷墙面，以使石面能以其美观的天然纹理面向外侧。

第四节　毛石和实心砖组合墙的砌筑

有些地区采用砖和毛石两种材料砌成组合墙，应用于外墙时，外侧用毛石、内侧用砖砌。这种组合墙的砌法，毛石部分同毛石墙，砖砌体部分同砖墙，要注意的是砖与毛石的交接处。

一、毛石和实心砖组合墙的构造

在毛石和实心砖的组合墙中，毛石砌体和砖砌体应同时砌筑，并每隔 4 ~ 6 皮砖将砖与毛石砌体连接，两种砌体之间用砂浆填塞，砌砖咬合实际皮数要依据毛石的高度而定，内外层组合墙的构造如图 8-5 所示。

二、砖与毛石分别砌筑纵墙与横墙时的构造

当用砖与毛石两种材料分别砌筑纵墙与横墙时，其转角和交接处应同时砌筑，砖墙与毛石墙之间也采用伸出砖块的办法连接。毛石和实心砖内外墙组合的转角、交接处的构造如图 8-6a、b 所示。

4~6皮砖
砖墙设计厚度

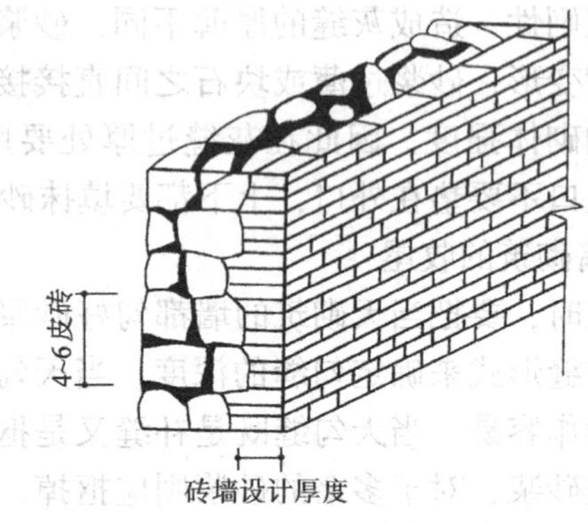

图 8-5　砖与毛石内外层组合墙的构造

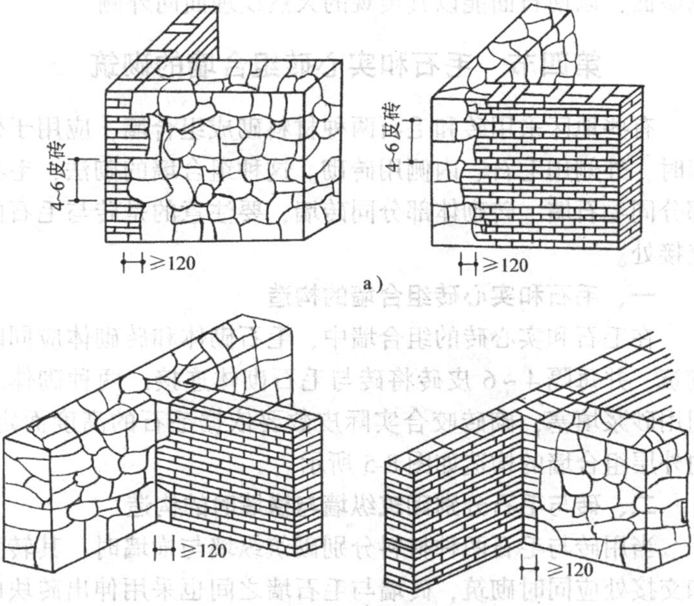

4~6皮砖
≥120
4~6皮砖
≥120
a)
≥120
≥120
b)

图 8-6　毛石墙和实心砖组合墙的构造

a）转角处构造　b）交接处的构造

第五节 毛石墙的勾缝

一、毛石墙勾缝的顺序

清理墙面、抠缝→确定勾缝形式→拌制砂浆→勾缝。

二、毛石墙勾缝的操作要点

1. 清理墙面、抠缝

勾缝前用竹扫帚将墙面清扫干净，洒水润湿。如果砌墙时没有抠好缝，就要在勾缝前抠缝，并确定抠缝深度，一般是勾平缝的墙缝要抠深 5 ~ 10mm；勾凹缝的墙缝要抠深 20mm；勾三角凸和半圆凸缝的要抠深 5 ~ 10mm；勾平凸缝的，一般只要稍比墙面凹进一点就可以。

2. 确定勾缝形式

勾缝形式一般由设计决定。凸缝可增加砌体的美观，但比较费力；凹缝常用于公共建筑的装饰墙面；平缝使用最多，但外观不漂亮，挡土墙、护坡等最适宜。各种勾缝形式如图 8-7a ~ f 所示。

3. 拌制砂浆

勾缝一般使用 1∶1 水泥砂浆，稠度 40 ~ 50mm，砂子可采用粒径为 0.3 ~ 1mm 的细砂，一般可用 3mm 孔径的筛子过筛。因砂浆用量不多，一般采取人工拌制。

4. 毛石墙的勾缝

勾缝应自上而下进行，先勾水平缝后勾竖缝。如果原组砌的石墙缝纹路不好看时，也可增补一些砌筑灰缝，但要补得好看，可另在石面上做出一条假缝，不过这只适用于勾凸缝的情况。

(1) 勾平缝　用勾缝工具把砂浆嵌入灰缝中，要嵌塞密实，缝面与石面相平，并把缝面压光。

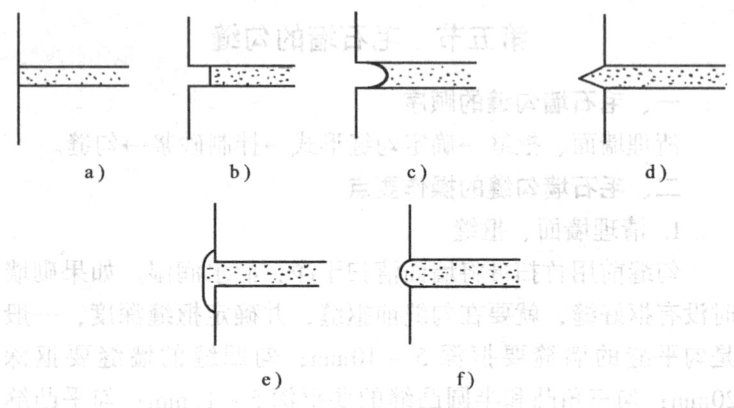

图 8-7　石墙的勾缝形式
a）平缝　b）平凹缝　c）半圆形凹缝
d）三角形凸缝　e）平凸缝　f）半圆形凸缝

（2）勾凸缝　先用小抿子把勾缝砂浆填入灰缝中，将灰缝补平，待初凝后抹上第二层砂浆，第二层砂浆可顺着灰缝抹 5～10mm 厚，并盖住石棱 5～8mm，待收水后，将多余部分切掉，但缝宽仍应盖住石棱 3～4mm，并要将表面压光压平，切口溜光。

（3）勾凹缝　灰缝应抠进 20mm 深，用特制的溜子把砂浆嵌入灰缝内，要求比石面深 10mm 左右，将灰缝面压平溜光。

三、毛石墙勾缝的质量要求

1）外露面的灰缝厚度不得大于 40mm，两个分层高度间分层处的错缝不得小于 80mm。

2）石墙的勾缝要求嵌填密实、粘接牢固，不得有搭槎、毛疵、舌头灰等。凸缝应表面平整一致、花纹美观，其宽度与高度也要平整一致、外观舒畅。

四、毛石墙勾缝的操作注意事项

1）勾缝前必须浇水润湿、清理表面。

2）对于原砌纹理不美观的，应由专人修补。

3）要加工统一的、适合石缝的溜子。

4）原墙面要清理干净，石缝勾抹完毕，要对墙面清理。

第六节　毛石墙砌筑的质量标准

一、砌筑质量的主控项目

1）石材和砂浆强度等级必须符合设计要求。

2）砂浆饱满度不应小于80%。砌筑砂浆的强度必须符合下列规定：

① 同一验收批砂浆试块的平均抗压强度必须大于或等于设计强度。

② 同一验收批砂浆试块的抗压强度的最小一组平均值必须大于或等于设计强度的0.75倍。

③ 砌体砂浆必须密实饱满，实心砌体水平灰缝的砂浆饱满度不小于80%。

3）转角处必须同时砌筑，交接处不能同时砌筑时必须留斜槎。

4）石砌体的轴线位置及垂直度允许偏差应符合表8-1的规定。抽检数量：外墙，按楼层（或4m高以内）每20m抽查一处，每处3延长米，但不应少于3处；内墙，按有代表性的自然间抽查10%，但不应少于3间，每间不应少于2处；柱子不应少于5根。

二、砌筑质量的一般项目

1）石砌体的一般尺寸允许偏差应符合表8-2的规定。抽检数量：外墙，按楼层（4m高以内）每20m抽查一处，每处3延长米，但不应少于3处；内墙，按有代表性的自然间抽查10%，但不应少于3间，每间不应少于2处；柱子不应少于5根。

表8-1 石砌体的轴线位置及垂直度允许偏差

项次	项目		允许偏差/mm							检验方法
			毛石砌体		料石砌体					
					毛料石		粗料石		细料石	
			基础	墙	基础	墙	基础	墙	墙、柱	
1	轴线位置		20	15	20	15	15	10	10	用经纬仪和尺检查，或用其他测量仪器检查
2	墙面垂直度	每层		20		20		10	7	用经纬仪、吊线和尺检查或用其他测量仪器检查
		全高		30		30		25	20	

表8-2 石砌体的一般尺寸允许偏差

项次	项目		允许偏差/mm							检验方法
			毛石砌体		料石砌体					
			基础	墙	基础	墙	基础	墙	墙、柱	
1	基础和墙砌体顶面标高		±25	±15	±25	±15	±15	±15	±10	用水准仪和尺检查
2	砌体厚度		±30	+20 −10	+30	+20 −10	+15	+10 −5	+10 −5	用尺检查
3	表面平整度	清水墙、柱	—	20	—	20	—	10	5	细料石用2m靠尺和楔形塞尺检查，其他用两直尺垂直于灰缝拉2m线和尺检查
		混水墙、柱	—	20	—	20	—	15	—	
4	清水墙水平灰缝平直度		—	—	—	—	—	10	5	拉10m线和尺检查

2）石砌体的组砌形式应符合下列规定：

① 内外搭砌，上下错缝，拉结石、丁砌石交错设置。

② 毛石墙拉结石每 0.7m^2 墙面不应少于 1 块。

③ 检查数量：外墙，按楼层（或 4m 高以内）每 20m 抽查 1 处，每处 3 延长米，但不应少于 3 处；内墙，按有代表性的自然间抽查 10%，但不应少于 3 间。

④ 检验方法：观察检查。

第七节　毛石墙砌筑的质量问题及预控

1. 石材质量不符合要求

石材质量不符合要求主要表现在风化剥层、龟裂、形状过于细长、扁薄或尖锥，或者棱角不清、几乎成圆形，质地疏松、疵斑较多和敲击时发出“壳壳壳”的声音。这主要是由于石材的选用不当，加工运输中缺乏认真管理，乱毛石中未配平毛石等原因造成的。预控的方法：加强石材的选择和加工运输的管理，通过产地调查，加强原材料的验收和明确合同责任。

2. 墙体垂直通缝

主要是由于忽视了毛石的交搭，砌缝未错开，尤其在墙角处未改变砌法，以及留槎不正确等原因造成的。预控的方法：加强选石工作，注意错缝搭接，必要时对石材进行二次加工。

3. 夹心墙

所谓夹心墙就是里外两层皮。可能因毛石形体过小，每皮石块压搭过少，又没有按规定设置拉结石；还有的操作者由于缺乏经验，采用先砌里外墙面再填心的办法，也是造成夹心墙的重要原因。预控的方法：注意大小石块的搭配使用，并随时检查是否漏砌丁字石和拉结石。

4. 砌体粘接不牢

砌体中石块和砂浆有明显的分离现象，掀开石块有时可发现平缝砂浆铺得不严，石块之间存在瞎缝。这是由于灰缝过厚，砂浆收缩；石块过分干燥，造成砂浆早期脱水；石块表面有垃圾和泥土粘接等原因造成的。预控的方法：要求块石在使用前应用水冲洗干净，炎热天气要给石块适当浇水，一次砌筑高度控制在 1.2m 以内。

5. 墙面凹凸不平

墙面凹凸不平的产生原因可能是砌筑时未拉准线，或者是准线被石块顶出而没有发觉，砌筑时使用铲口石，砌成了夹心墙，砌筑高度超过规定而造成砌体变形。预控的方法：砌筑时必须经常检查准线，石料摆放要平稳，砂浆稠度要小，灰缝要控制在 20～30mm 之间；施工安排要得当，每天砌筑高度不应超过 1.2m。

6. 勾缝砂浆粘接不牢

勾缝砂浆与石块粘接不牢，特别是凸缝砂浆脱落经常可见。这除了石块表面不洁净，降低了粘接力的原因外，砂子含泥量过大、砂粒过细、养护不及时等也是一个原因。预控的方法：要求严格掌握好原材料的质量和砂浆配合比，石墙面要先行冲洗，勾缝完成后要及时养护。

第八节　毛石墙砌筑的安全

1. 毛石墙的砌筑高度

毛石墙每天砌筑高度不得超过 1.2m。

2. 砌石的脚手架

砌筑毛石要搭设两面脚手架，脚手架小横杆要尽量从门窗洞口穿过，或者采用双排脚手架；必须留置脚手洞时脚手洞要与墙面缝式吻合，混水墙的脚手洞可用 C20 混凝土填补，清水墙则要留出配好的块石以待修补。脚手板不准紧靠毛石墙面，打下的碎石应随时清除。

3. 石料的运输

基础砌筑时，严禁在基槽边抛掷石块，应从斜道上运下。抬运石料的斜道应有防滑措施，石料的垂直运输设备应有防止石块滚落的设施。

4. 石料的加工

毛石不得在墙上加工，以防止震松墙上石块，滚落伤人。加工石料应佩戴风镜或平光眼镜，以防石屑崩出伤人。

5. 其他

砌筑毛石砌体时，周围不应有打桩、爆破等强烈震动，以免震塌伤人。

第九节　毛石墙砌筑的技能训练

技能训练 11　毛石和实心砖组合墙的砌筑

1. 训练内容

按图 8-8 所示砌筑毛石和实心砖组合墙，其中石墙长为 2m，厚 300mm；砖墙长 3m，厚 240mm，高度为 1.2m。清水墙、砖墙和石墙勾平缝。

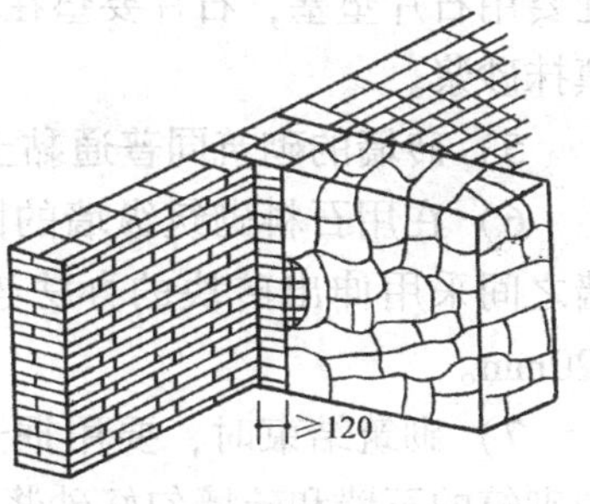

图 8-8　毛石和实心砖组合墙

2. 基本训练项目

（1）砌筑准备

1）工具的准备：瓦刀、大铲、大锤、小锤、刨锛、灰板、灰桶、摊灰尺、溜子、抿子、灰板及质量检测工具钢卷尺、托线板、线锤、水平尺、皮数杆等，搭设双面脚手架。

2）材料的准备：根据训练的要求准备好石材和普通黏土砖；砂浆采用水泥砂浆，标号为M5。

3）技术准备：清扫场地，按照技能训练的要求，检查基层的标高和水平；进行施工放线，毛石墙要掌握好中心线和边线。

（2）毛石墙的砌筑

1）毛石墙砌筑首先要重视选石的工作，而且要注意大小石块搭配，各层石块应互相压搭，不得留通缝。

2）要严格掌握毛石砌筑的要领，保证石墙里外上下都能错缝搭接，砌好的石块要稳，要求“下口清、上口平”。

3）为了增加墙体的稳定性和整体性，每0.7m^2要砌一块拉结石，拉结石的长度应为墙厚的2/3。每砌一层毛石，都要给上一层毛石留出槎口，槎的对接要平，使上下层石块咬槎严密。

4）毛石砌体要做到砂浆饱满，灰缝均匀。在灰缝过厚处要用石片垫塞，石片要垫在里口不要垫在外口，上下都要填抹砂浆。

5）砖墙的砌筑同普通黏土砖的砌筑方法相同。

6）在用石料砌筑纵墙的同时应砌筑砖墙，砖墙与毛石墙之间采用伸出砖块的办法连接，伸出砖块的长度应大于120mm。

7）砌筑结束时，要用抿子、溜子按照技能训练的要求把砌筑的石墙和砖墙勾好砂浆平缝，墙缝勾完后，可用钢丝刷等清刷墙面，以使墙面美观。

3. 训练注意事项

1）石材、砖和砂浆强度等级必须符合设计要求，砂浆饱满度不应小于80%。

2）石砌体的组砌形式应符合内外搭砌，上下错缝，拉结石、丁砌石交错设置的原则。

3）砌筑时要注意大小石块的搭配使用，并随时检查是否漏砌丁字石和拉结石，防止出现夹心墙。

4）砌筑时必须经常检查准线，石料摆放要平稳，砂浆稠度要小，灰缝要控制在20~30mm。

5）毛石在砌筑、运输、搬运时要注意人身安全的防范。

课题九

地面砖的铺砌

第一节　地面砖铺砌的基本知识

一、楼面、地面的构造

(1) 面层　直接承受各种物理和化学作用的地面或楼面的表面层。

(2) 结合层（粘接层）　面层与下一构造层相连接的中间层，也可作为面层的弹性基层。

(3) 找平层　在垫层上、楼板上或填充层（轻质、松散材料）上，起整平、找坡或加强作用的构造层。

(4) 隔离层　防止建筑地面上各种液体（含油渗）或地下水、潮气渗透地面等作用的构造层，仅防止地下潮气渗透地面也可称作防潮层。

(5) 填充层　在建筑楼地面上起隔声、保温、找坡或敷设管线等作用的构造层。

(6) 垫层　承受并传递地面荷载于地基上的构造层；砖地面和楼面的构造层次如图 9-1 所示。

二、地面砖的种类、规格及质量要求

1. 普通地面砖和板块

(1) 普通砖　普通砖即一般砌筑用砖，规格为240mm×115mm×53mm，铺砌用的地面砖要求外形尺寸一致、不挠

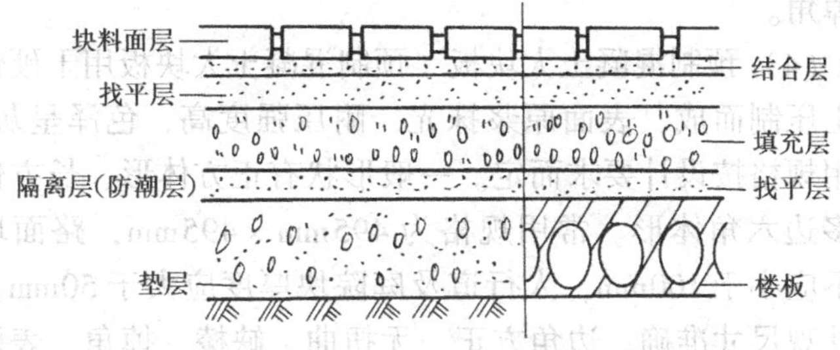

图 9-1　楼面（右）和地面（左）的构造

曲、不裂缝、不缺角，强度不低于 MU7.5。

（2）缸砖　采用陶土掺以色料压制成形后烘烧而成。一般为红褐色，亦有黄色和白色，表面不上釉，色泽较暗。形状有正方、长方和六角等。规格有 100mm × 100mm × 10mm、150mm × 150mm × 15mm 等。质量上要求外观尺寸准确、密实坚硬、表面平整、无凹凸和翘曲、颜色一致、无斑、不裂、不缺损，抗压、抗折强度及规格尺寸符合设计要求。

（3）水泥砖（包括水泥花砖、分格砖）　水泥砖是用干硬性砂浆或细石混凝土压制而成，呈灰色，耐压强度高。水泥平面砖常用规格 200mm × 200mm × 25mm。水泥格面砖有 9 分格和 16 分格两种，常用规格有 250mm × 250mm × 30mm、250mm × 250mm × 50mm 等。要求强度符合设计要求、边角整齐、表面平整光滑、无翘曲。水泥花砖系以白水泥或普通水泥掺以各种颜料用机械拌和压制成形，花式很多，分单色、双色和多种色三类。常用规格有 200mm × 200mm × 18mm、200mm × 200mm × 25mm 等，还有三角形、六角形等多种规格。要求色彩明显、光洁耐磨、质地坚硬、强度符合设计要求、表面平整光滑、边角方正、无扭曲和缺棱掉角。

(4) 预制混凝土大块板　预制混凝土大块板用干硬性混凝土压制而成，表面原浆抹光，耐压强度高，色泽呈灰色，使用规格按设计要求而定。一般形状有正方体形、长方体形和多边六角体形。常用规格为495mm×495mm，路面块厚度不应小于100mm，人行道及庭院块厚度应大于50mm。要求外观尺寸准确，边角方正，无扭曲、缺棱、掉角，表面平整，强度不应小于20MPa或符合设计要求。现在也有用于人行道的彩色混凝土大块板。

2. 装饰地面砖

(1) 墙地砖　墙地砖是以优质陶土为主要原料，经成形后于1100℃左右焙烧而成，分无釉和有釉两种。墙地砖既可以用于外墙，又可以用于地面。该砖颜色繁多，表面质感多样，有平面、麻面、毛面、抛光面、仿石表面、压光浮雕面等多色多种制品。主要品种有双合砖、麻面砖、彩胎砖等，最小规格为95mm×95mm，最大规格为600mm×600mm。墙地砖具有强度高、耐磨、化学稳定性好、易清洗、吸水率低、不燃、耐久等优点，是理想的现代墙地面铺砌材料。

(2) 天然石材　用于地面铺砌的天然石材有大理石板材、花岗岩板材。常见规格为长300~1220mm、宽150~915mm、厚15~40mm。天然石材具有强度高、耐磨性能好、色泽美观、耐风化等优点，但是，由于加工、运输困难，价格高，只用于高级建筑墙地面的装饰。

(3) 人造石材及制品　由于天然石材加工困难、花色品种较少，因此20世纪70年代后人造石材发展很快。人造石材具有天然石材的装饰效果，而且花色、品种、形状多样化，并具有重量轻、强度高、耐腐蚀、耐污染、施工方便等优点，可用于一般建筑的装饰。

三、铺砌地面砖的结合层材料

砖块地面与基层的结合层材料有砂子、石灰砂浆、水泥砂浆和沥青胶结料等。砂结合厚度为20～30mm，砂浆结合层厚度为10～15mm，沥青胶结料结合层厚度为2～5mm，如图9-2所示。

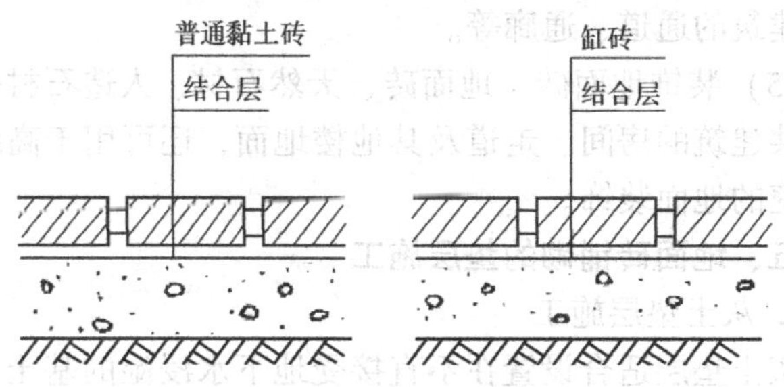

图9-2　砖地面层构造

1）结合层用的水泥可采用普通硅酸盐水泥或矿渣硅酸盐水泥。

2）结合层用砂应采用洁净无有机质的砂，使用前应过筛，不得采用冻结的砂块。

3）结合层用沥青胶结料的标号应按设计要求经试验确定。

四、各种砖地面适用范围

（1）普通砖　在室内铺砌时适用于临时房屋和仓库及农用一般房屋的地面；在室外铺砌时用于庭院、小道、走廊、散水坡等。

（2）水泥砖　水泥平面砖适用于铺砌庭院、通道、上人屋面、平台等的地面面层；水泥格面砖适用于铺砌人行道、便道和庭院等处；水泥花砖适用于公共建筑物部分的楼

（地）面，如盥洗室、浴室、厕所等。

（3）缸砖　缸砖面层适用于要求坚实耐磨、不起尘或耐酸碱、耐腐蚀的地面面层，如实验室、厨房、外廊等。

（4）预制混凝土大块板　混凝土大块板具有耐久、耐磨、施工工艺简单、方便快速等优点，并便于翻修。常用于工厂区和住宅的道路、路边人行道和工厂的一些车间地面、公共建筑的通道、通廊等。

（5）装饰地面砖　地面砖、天然石材、人造石材等适用于公共建筑的房间、走道及其他楼地面，还可用于高级建筑和家庭的地面装饰。

五、地面砖铺砌的垫层施工

1. 灰土垫层施工

灰土垫层适合设置在不直接受地下水浸湿的基土上，其厚度一般不小于100mm。使用的石灰粉必须经过熟化和过筛，土则为普通黏性土或粉土，过筛后的灰粉粒径不准大于5mm，土的粒径不准大于15mm。灰粉与土的比例多为2:8或3:7。

拌和灰土料应保证配合比准确，加水适量，拌和均匀，一次摊铺厚度应不超过250mm，均匀夯实后至100～150mm左右，夯实后的表面应平整，强度一致，经适当晾干后才可以进行下一道工序的施工，若下一道工序仍继续摊铺灰土应清除摊铺面上的杂物。

2. 混凝土垫层施工

素水泥混凝土垫层是室内楼地面常用的一种垫层，其厚度一般为100～150mm，强度等级为C7.5、C10。混凝土在垫层基层上摊铺前，基层应先湿润，摊铺时应分区段进行。宽度控制在3～4m。浇筑时应按设计要求预留孔洞，作为铺砌固定地面时镶连接件所用的锚栓或木砖。

3. 碎（卵）石垫层施工

取级配适当、未被风化的碎石或卵石（其最大粒径不超过垫层厚度的2/3）来铺设的垫层叫碎（卵）石垫层。施工时要摊铺均匀，厚度不小于60mm，表面缝隙可用5～20mm的细石填满、填平。大面积的碎（卵）石垫层用静力式光碾压路机碾压密实，小面积的可用手扶式压路机压实至石子不松动时为止。

4. 砂及砂石垫层施工

这种垫层是用砂子或者砂子与卵石铺成的，砂和砂石中均不准含有植物纤维、草根等有机杂质。摊铺时，砂垫层的厚度不准小于60mm，砂石垫层的厚度不准小于100mm。砂石垫层中的石子最大粒径不准大于垫层厚度的2/3，且在砂或砂石料中不准含有冻结的砂团。砂垫层在摊铺前，要对砂子进行浇水湿润，使砂子的含水至饱和状态，摊铺时应均匀，摊铺厚度应不超过200mm，摊铺完毕仍需碾压密实、平整。砂石垫层摊铺前应适当拌和，石子在砂子中分布应基本均匀，不准出现粗细颗粒分离的现象。碾压前表层应浇水湿润，碾压遍数不少于三遍，至垫层坚实平整时为止。

5. 炉渣垫层施工

炉渣垫层就原材料而言有三种：炉渣，水泥和炉渣，水泥、石灰和炉渣。摊铺在基土上的称为炉渣垫层，它们的摊铺厚度均不得小于60mm。对炉渣的质量要求是：炉渣内不准含有未烧尽的煤块及有机杂质，粒径不大于40mm，且不超过垫层厚度的1/2；5mm以下粒径的炉渣，不准超过炉渣总体积的40%；石灰应先经熟化浇水闷3～4d后过5mm的筛子，即石灰中不准含有5mm以上的未熟化的硬块；不准使用受潮或过期有硬块的水泥。炉渣垫层铺设前，先将基土层清理干净，并洒水湿润。均匀摊铺炉渣后即行拍平、压实，其压实厚度一般不超过120mm，若设计要求炉渣垫层厚度在120mm以上时，应分层铺设、分层压实。

第二节 地面砖的铺砌施工

一、地面砖铺砌的顺序

准备工作→拌制砂浆→摆砖组砌→铺砌地面砖→养护、清扫干净。

二、地面砖的铺砌操作

1. 准备工作

(1) 材料准备 砖面层和板块面层材料进场应做好材质的检查验收，检查产品合格证，按质量标准和设计要求检查规格、品种和标号。按样板检查图案和颜色、花纹，并应按设计要求进行试拼。验收时对于有裂缝、掉角和表面有缺陷的板块，应予以剔除或放在次要部位使用。品种不同的地面砖不得混杂使用。

(2) 施工准备 地面砖在铺设前，要先将基层面清理、冲洗干净，使基层达到湿润。砖面层铺设在砂结合层上之前，砂垫层和结合层应洒水压实，并用刮尺刮平。砖面层铺设在砂浆结合层上的或沥青胶结料结合层上的，应按地面标高留出地面砖的厚度贴灰饼，拉基准线，每隔1m左右冲筋一道，然后刮素水泥浆一道，用1:3水泥砂浆打底找平，砂浆稠度控制在30mm左右，其水灰比宜为0.4~0.5。找平层铺好后，待收水即用刮尺板刮平整，再用木抹子打平整。对厕所、浴室的地面，应由四周向地漏方向做放射形冲筋、并找好坡度。铺时有的要在找平层上弹出十字中心线，四周墙上弹出水平标高线。

2. 拌制砂浆

地面砖铺筑砂浆一般有以下几种：

1）1∶2 或 1∶2.5 水泥砂浆（体积比），稠度 25～35mm，适用于普通砖、缸砖地面。

2）1∶3 干硬性水泥砂浆（体积比），以手握成团、落地开花为准，适用于断面较大的水泥砖。

3）M5 水泥混合砂浆，配比由试验室提供，一般用作预制混凝土块粘接层。

4）1∶3 白灰干硬性砂浆（体积比），以手握成团、落地开花为准，用作路面 250mm×250mm 水泥方格砖的铺砌。

3. 摆砖组砌

地面砖面层一般依砖的不同类型和不同使用要求采用不同的摆砌方法。普通砖的铺砌形式有“直行”、“对角线”或“人字形”等，如图 9-3a～c 所示。在通道内宜铺成纵向的“人字形”，同时在边缘的一行砖应加工成 45°角，并与地坪边缘紧密连接。铺砌时，相邻两行的错缝应为砖长度的 1/3～1/2，水泥花砖各种图案颜色应按设计要求对色、拼花、编号排列，然后按编号码放整齐。

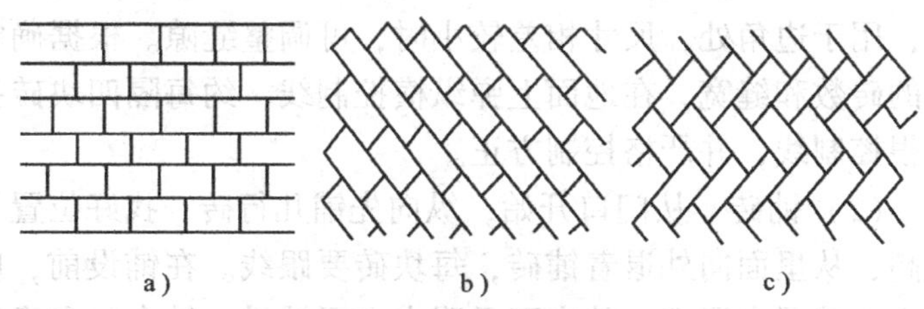

图 9-3　普通黏土砖铺砌形式

a）直行　b）对角线　c）人字形

缸砖、水泥砖一般有留缝铺贴和满铺砌法两种，应按设计要求进行铺砌。混凝土板块以满铺砌法铺筑，要求缝隙宽度不大于 6mm。当设计无规定时，紧密铺贴缝隙宽度宜为 1mm 左右；虚缝铺贴缝隙宽度宜为 5～10mm。

三、普通砖、缸砖、水泥砖、墙地面砖的铺砌

1. 在砂结合层上铺筑

按地面构造要求将基层处理完毕，找平层结束后，即可进行砖面层铺砌。

（1）挂线铺砌　在找平层上铺一层 15～20mm 厚的黄砂，并洒水压实，用刮尺找平，按标筋架线，随铺随砌筑。砌筑时上棱跟线以保证地面和路面平整，其缝隙宽度不大于 6mm，并用木锤将砖块敲实。

（2）填充缝隙　填缝前，应适当洒水并将砖拍实整平。填缝可用细砂、水泥砂浆。用砂填缝时可先将砂撒于路面上，再用扫帚扫入缝中。用水泥砂浆填缝时，应预先用砂填缝至一半的高度，再用水泥砂浆填缝找平。

2. 在水泥或石灰砂浆结合层上铺筑

（1）弹线　在房间纵横两个方向排好尺寸，缝宽以不大于 10mm 为宜，当尺寸不足整块砖的位置时，可裁割半块砖，用于边角处，尺寸相差较小时，可调整缝隙。根据确定后的砖数和缝宽，在地面上弹纵横控制线，约每隔四块砖弹一根控制线，并严格控制方正。

（2）铺砖　从门口开始，纵向先铺几行砖，找好位置及标高，从里面向外退着铺砖，每块砖要跟线。在铺设前，应将水泥砖浸水湿润，其表面无明水方可铺设，结合层和板块应分段同时铺砌。铺砌时，先扫水泥浆于基层，砖的背面朝上，抹铺砂浆，厚度不小于 10mm，砂浆应随铺随拌，拌好的砂浆应在初凝前用完。将抹好灰的砖，码砌到扫好水泥浆的基层上，砖上棱要跟线，用木锤敲实铺平。铺好后，再拉线修正，清除多余砂浆。板块间和板块与结合层间，以及在墙角、镶边和靠墙边，均应紧密贴合，不得有空隙，亦不得在靠墙处用砂浆填补代替板块。

（3）勾缝　面层铺贴应在24h内进行擦缝、勾缝和压缝工作。缝的深度宜为砖厚的1/3，擦缝和勾缝应采用同品种、同标号、同颜色的水泥，分缝铺砌的地面用1∶1水泥砂浆勾缝，要求勾缝密实。缝内平整光滑，深浅一致。满铺满砌法的地面，则要求缝隙平直，在敲实修好的砖面上撒干水泥面，并用水壶浇水，用扫帚将水泥浆扫入缝内。亦可用稀水泥浆或1∶1稀水泥砂浆（水泥∶细砂）填缝，将缝灌满并及时用拍板拍振，将水泥浆灌实，同时修正高低不平的砖块。面层溢出的水泥浆或水泥砂浆应在凝结前予以清除，待缝隙内的水泥凝结后，再将面层清理干净。

（4）养护　普通砖、缸砖、水泥砖面层如果采用水泥砂浆作为结合层和填缝的，待铺完砖后在常温下24h应覆盖湿润，或用锯末浇水养护，其养护不宜少于7d，3d内不准上人。整个操作过程应连续完成，避免重复施工，影响已贴好的砖面。

3. 在沥青胶结料结合层上铺筑

（1）铺砖　砖面层铺砌在沥青胶结料结合层上与铺砌在砂浆结合层上，其弹线、找位置、标高和铺砖等方法基本相同。所不同的是沥青胶结料要经加热（150～160℃）后才可摊铺。铺时基层应刷冷底子油或沥青稀胶泥，砖块宜预热，当环境温度低于5℃时，砖块应预热到40℃左右。冷底子油刷好后，涂铺沥青胶结料，其厚度应按结合层要求稍增厚

2～3mm，砖缝宽为3～5mm，随后铺砌砖块并用挤浆法把沥青胶结料挤入竖缝内，砖缝应挤严灌满，表面平整。砖上棱跟线放平，并用木锤敲击密实。

（2）灌缝 待沥青胶结料冷却后铲除砖缝口上多余的沥青，缝内不足处再补灌沥青胶结料，达到密实。填缝前，缝隙应予以清理，并使之干燥。

第三节 地面砖铺砌应预控的质量问题

一、地面砖铺砌的质量要求

1）面层所用板块的品种、规格、质量必须符合设计要求；面层与基层的结合（粘接）必须牢固、无空鼓（脱胶）。

2）允许偏差项目：铺砌普通砖、水泥砖、缸砖地面的允许偏差见表9-1。

表9-1 铺砌普通砖、水泥砖、缸砖地面的允许偏差

（单位：mm）

项次	项目	水泥花砖	缸砖大小泥砖	普通砖		检验方法
				砂垫层	水泥砂浆垫层	
1	表面平整度	3	4	8	6	用2m靠尺及楔形塞尺检查
2	缝格平直	3	3	8	8	拉5m线，不足5m拉通线和尺量检查
3	接缝高低差	0.5	1.5	1.5	1.5	尺量及楔形塞尺检查
4	板块间隙宽度不大于	2	2	5	5	尺量检查

二、地面砖铺砌应预控的质量问题

1. 地面标高错误

地面标高错误大多出现在厕所、盥洗室、浴室等处。主要原因是：楼板上皮标高超高；防水层或找平层过厚。预防措施：在施工时应对楼层标高认真核实，防止超高，并应严格控制每遍构造层的厚度，防止超高。

2. 地面不平、出现小的凹凸

造成此问题的原因是：砖的厚度不一致，没有严格挑选，或砖面不平，或铺贴时没有敲平、敲实，或上人太多，养护不当。预防措施是：首先要选好砖，不合规格、不标准的砖一定不能用；铺贴时要砸实，铺好地面后封闭入口，常温 48h 锯末养护后方可上人操作。

3. 地面空鼓

面层空鼓的主要原因是基层清理不净，浇水不透，早期脱水；另一原因是上人过早，粘接砂浆未达强度而受到外力振动，使块材与粘接层脱离空鼓。预防措施：加强清理及施工前基层的检查，注意控制上人施工的时间，加强养护。

4. 地面黑边

原因是不足整块时，不切割半砖或用小条铺贴而采用砂浆修补，形成黑边影响观感。预防措施是：按设计的位置进行砖块的切割铺贴，砖块切割尺寸按实量尺寸。

5. 路面混凝土板块松动

原因是：砂浆干燥、影响粘接度，夏季施工浇水养护不足、早期脱水。预防措施是：铺设时应边铺砂边码砌边砸实，砂浆铺面不宜过大，防止砂浆在未铺砌砖时已干燥，夏期施工必须浇水养护，3d 养护期内严禁车辆滚压和堆物。

第四节　地面砖铺砌的技能训练

技能训练 12　在砂垫层上铺筑普通黏土砖地面

1. 训练内容

在砂垫层上铺砌普通黏土砖，图案为“人字形”，4m 宽，5m 长，用水泥砂浆填缝。

2. 基本训练项目

（1）铺砌准备

1）工具准备：小水桶、扫帚、平锹、抹子、喷壶、木锤、方尺、粉线包、切砖机、钢卷尺和水平尺等。

2）材料准备：按质量标准和技能训练要求检查普通黏土砖外观形状、色彩，对色彩不均匀、有裂纹、掉角、缺棱或者表面有缺陷的砖块，应予以剔除或放在次要部位使用。水泥砂浆随拌随用。

3）铺砌准备：在铺设前，要先将基层面清理、冲洗干净，使基层达到湿润。按地面构造要求将基层处理完毕，找平层结束后，即可进行砖面层铺砌。

（2）地面砖的铺砌

1）挂线铺砌：在找平层上铺一层 15 ~ 20mm 厚的黄砂，并洒水压实，用刮尺找平，按标筋架线，随铺随砌筑。砌筑时上棱跟线以保证地面和路面平整，其缝隙宽度不大于 6mm，并用木锤将砖块敲实。

2）填充缝隙：填缝前，应适当洒水并将砖拍实整平。填缝用水泥砂浆，先用砂填缝至一半的高度，再用水泥砂浆填缝找平。

3. 训练注意事项

1）铺砌时对普通黏土砖要认真选择，质量、尺寸规格不合格的砖一定不能用。铺砌时要砸实，防止出现地面凹凸不平。

2）铺砌时要认真地核对检查地面的标高，发现偏差，及时纠正。

3）铺砌时在边缘的一行砖应加工成45°角，并与地坪边缘紧密连接。铺砌时，相邻两行的错缝应为砖长度的1/3～1/2。

4）在铺砌时，要严格按照弹线进行，注意留好灰缝，灰缝的宽窄要一致。

5）铺砌时砖的表面平整度、缝格平直、接缝的高低差及砖块间隙应该符合允许偏差的要求。

技能训练13 在室内水泥砂浆结合层上铺砌地面砖

1. 训练内容

在室内水泥砂浆结合层上铺砌300mm×300mm规格的地面砖。长4.2m，宽3.3m；有一个地漏；地面砖缝5mm，勾缝；不考虑图案的拼接。

2. 基本训练项目

（1）铺砌准备

1）工具准备：小水桶、扫帚、平锹、抹子、钢丝刷、喷壶、木锤、硬木拍板、方尺、粉线包、溜子、切砖机、磨砖机、钢卷尺和水平尺等。

2）材料准备：检查验收地面砖的产品合格证，按质量标准和技能训练要求检查规格、品种和标号。对于有裂缝、掉角和表面有缺陷的板块，应予以剔除或放在次要部位使用。地面砖在铺砌前1d用水浸2～3h，晾干后备用。铺砌用砂浆为1:2（体积比）水泥砂浆，稠度25~35mm，砂浆应随铺随拌，拌好的砂浆应在初凝前用完。

3）技术准备：在墙面弹好500mm的水平线，根据技能训练的要求绘制分块大样图。

（2）地面砖的铺砌

1）施工准备：地面砖在铺设前，要先将基层面清理、冲洗干净，使基层达到湿润。

2）按地面标高留出地面砖的厚度贴灰饼，拉基准线，每隔1m左右冲筋一道，然后刮素水泥浆一道，用1:3水泥砂浆打底找平，砂浆稠度控制在30mm左右，其水灰比宜为0.4~0.5，找平层铺好后，待收水即用刮尺板刮平整，再用木抹子打平整。

3）由四周向地漏方向做放射形冲筋，并找好坡度。坡度一般为0.5%~1%；必须保证地漏低于地面3~5mm，防止倒坡现象。

4）在房间纵横两个方向排好尺寸，缝宽5mm，在尺寸不足整块砖的位置，裁割半块砖，用于边角处，尺寸相差较小时，可调整缝隙。根据确定后的砖数和缝宽，在地面上弹纵横控制线，约每隔4块砖弹一根控制线，并严格控制方正。

5）从门口开始，纵向先铺几行砖，找好位置及标高，从里面向外退着铺砖，每块砖要跟线。铺砌时，先扫水泥浆于基层，砖的背面朝上，抹铺砂浆，厚度不小于10mm，将抹好灰的砖，铺砌到扫好水泥浆的基层上，砖上棱要跟线，用木锤敲实铺平。铺好后，再拉线修正，清除多余砂浆。板块间和板块与结合层间，以及在墙角、镶边和靠墙边，均应紧密贴合，不得有空隙，亦不得在靠墙处用砂浆填补代替板块。

6）勾缝：面层铺贴应在24h内进行擦缝、勾缝和压缝工作。缝的深度为砖厚的1/3，要求勾缝密实。缝内平整光滑，深浅一致。面层溢出的水泥浆或水泥砂浆应在凝结前予以清除，待缝隙内的水泥凝结后，再将面层清理干净。

7）养护：铺完砖后，在常温下24h应覆盖湿润，或用锯末浇水养护，其养护不宜少于7d，3d内不准上人。整个操作过程应连续完成，避免重复施工，影响已贴好的砖面。

3. 训练注意事项

1）铺砌时对地面砖要认真选择，质量、尺寸规格不合格的砖一定不能用。铺贴时要砸实，防止出现地面凹凸不平。

2）铺砌时要认真地核对检查地面的标高，发现偏差，及时纠正。特别是地漏的周围，一定要按照规范要求找好坡度，防止倒泛水。

3）在铺砌时，要严格按照弹线进行，注意留好灰缝，灰缝的宽窄要一致，勾缝要密实。在施工时应对楼层标高认真核实，防止超高，并应严格控制每遍构造层的厚度，防止超高。

4）铺砌砂浆要饱满，铺砌前基层清理要干净，要适量地洒水以保持湿润，防止空鼓现象。

课题十

家用炉灶的砌筑

第一节　家用炉灶的基本知识

炉灶是人们日常生活和工业生产中都会遇到的一种设施，通常分为家用炉灶、公共食堂用炉灶和工业用炉灶。本章主要介绍一般家用炉灶的砌筑。

一、家用炉灶的类型

1）按使用燃料不同可分为燃柴燃草炉灶、燃煤炉灶和小型多用燃气灶。

2）按砌筑的形状不同可分为三角形（位于墙角）炉灶和方形炉灶等。

3）按放锅的数量可分为“单眼灶”、“双眼灶”和“三眼灶”等。

二、家用炉灶的构造

家用炉灶构造比较简单，砌筑方便，由于柴和植物秸秆可以作为燃料，在农村中使用比较多。家用炉灶的构造主要是根据锅的大小和多少以及室内的布局而定，各部分的名称如图10-1所示。

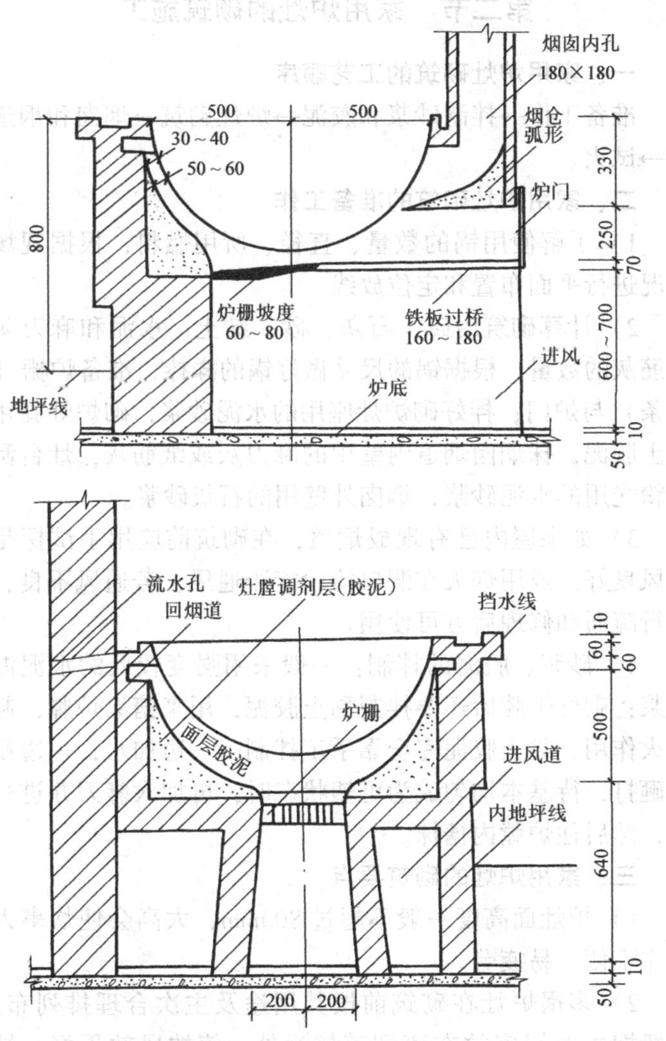

图 10-1 家用炉灶各部分的名称

第二节　家用炉灶的砌筑施工

一、家用炉灶砌筑的工艺顺序

准备工作→拌制砂浆和胶泥→炉灶砌筑→烟囱和烟道砌筑→试火。

二、家用炉灶砌筑的准备工作

1）了解使用锅的数量、直径、所用燃料，根据现场的情况进行平面布置和定位放线。

2）计算砌筑用砖、石灰、砂、黏土、水泥和麻刀灰或纸筋灰的数量，根据锅的尺寸做好锅的样棒，准备炉栅（或炉条）与炉门；拌好砌炉灶座用的水泥砂浆，砌炉灶膛用的黏土胶泥，抹烟囱烟道内壁用的麻刀灰或纸筋灰，灶台刮糙和粉光用的水泥砂浆，烟囱外壁用的石灰砂浆。

3）如果屋内已有现成烟道，在砌筑前应用手试探是否通风良好，或用烟火在洞口检验能否通风，若通风不良，应进行疏通和修理后方可使用。

4）砂浆、胶泥的拌制：一般采用强度较低的水泥混合砂浆；砌好炉膛后还要拌制黏土胶泥，用来搪涂炉膛，起到耐火作用，黏土胶泥完全靠手工拌制，一边加水，一边用手锤砸打，待基本均匀成为可塑状态时，再加入麻刀并进行揉搓，然后往炉膛内搪抹。

三、家用炉灶的砌筑要点

1）炉灶面高度一般不超过800mm，太高会使炊事人员操作不便，易疲劳。

2）多锅炉灶在砌筑前按其用途及主次合理排列布置，一般把主要锅安放在离烟道较远处，使抽风效果好，炉火旺。

3）多锅炉灶共用一个烟囱，但各自烟道应分别进入烟囱，以防互相串通，引起冒烟。

4）炉灶要挑出炉灶座60mm，炉灶面（锅台）又较炉灶挑出60mm，使人站在灶边，脚不碰炉灶座。

5）锅上口边沿与炉膛壁接触以30mm为宜，太多时火会被接触面挡住。

6）炉条或炉栅（家用烧木柴时）应向里倾斜，便于火焰向里集中。

7）烧煤炉灶，使用鼓风机送风时，烟囱高过屋脊即可，烧柴炉灶烟囱应高出屋脊500mm以上。

8）回烟道的断面一般为60mm×120mm；大型炉灶回烟道，宽以90～160mm，高以180～250mm为宜。农村炉灶主要烧杂草或树枝，易燃烧，为保温起见，可不设通风道及回烟道。

四、家用炉灶的规格

高度：一般以750mm为宜（即12皮砖再加上抹面厚），最高不得超过800mm。

宽度（沿灶口向烟囱方向）：（2×100＋锅直径）mm，即锅边距灶口100mm，对面锅边距烟囱100mm，再加上锅的直径。

长度（与宽度相垂直方向）：（2×250＋锅直径）mm，即锅边距灶边各250mm。

每增加一个同样大小的锅，锅间净距为300mm，有环边的锅，净距为370mm，其余尺寸不变。若两锅大小不等，则以大锅为准。

五、家用炉灶炉膛的形状与尺寸

炉膛的形状近似于倒置的圆台，其尺寸大小视锅的直径与深浅以及所用燃料而定。烧柴的炉灶，锅底距炉膛底（即炉栅）的距离为90～160mm；烧煤的炉灶，锅底距炉膛底（即炉栅）的距离为70～180mm。

炉膛底的尺寸为锅径的1/3～1/2；例如：400mm直径的锅，其炉膛底应为140～200mm，上口约为400mm。炉膛深度以直径为400mm、深为200mm的锅为例，烧柴的炉膛深应为200mm+（90～160）mm；即290～360mm；烧煤的炉膛深应为200mm+（70～180）mm，即270～380mm，如图10-2所示。

六、家用炉灶的砌筑操作

1. 按放线的位置砌炉座

炉座根据锅的个数决定砌几道：一口锅砌两道，两口锅砌三道。为了保证两口锅在灶面上的净距要求，下部中间的炉座墙可砌成包心墙，中间填碎砖和黏土。炉座墙厚一般为180～240mm，高为300～400mm（一般砌5～6层砖），长度较炉灶面缩进120mm，炉座墙间距一般为200～250mm。

2. 砌风槽和铺炉栅

当炉座墙砌到最后一层时，开始挑砖合拢，以两炉座墙间的中心线作为风槽的中心位置，并在合拢层上划一个记号，接着继续往上砌两层砖并挑出60mm，砌至风槽位置时，按中心线留出宽120～150mm、长150～300mm不砌而形成风槽，留风槽时应观察烟囱方向，以便决定风槽位置的进出。

在风槽处铺好炉栅，炉栅的高度为灶台的高度减去锅的高度和锅底与炉栅的间距；炉栅与下部合拢砖之间形成出灰槽。炉栅铺深应注意烟囱位置，以保证火焰始终保持在锅的中心，继续用样棒对准风槽的中心，定出炉膛底及炉门位

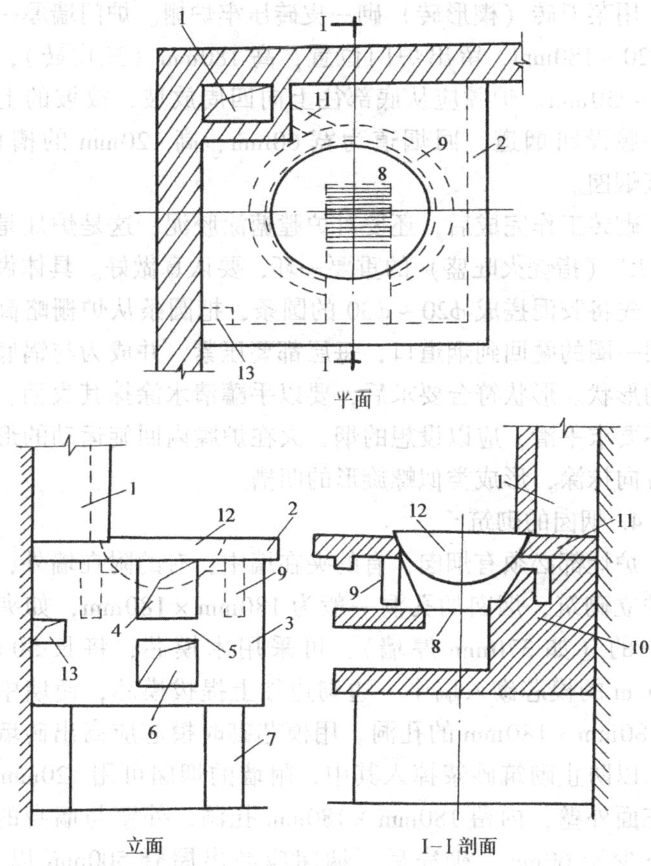

图 10-2　家用炉灶的构造

1—烟囱　2—炉灶台　3—炉灶身　4—炉灶门　5—灶口挑砖　6—通风道（又是出灰道）　7—炉灶脚　8—炉栅　9—回烟道　10—炉膛　11—火焰道　12—锅　13—火柴洞

置，再砌炉身及炉膛。

3. 炉身及炉膛的砌筑

用菜刀砖（楔形砖）砌一皮砖压牢炉栅。炉门墙厚一般为120～180mm，留出炉门位置，高180mm（三皮砖），宽120～150mm。炉膛应从底部往上向四周放坡，放坡的上口绕炉膛设回烟道，回烟道为宽60mm、高120mm的槽口，并接烟囱。

砌砖工作完成后，还要对炉膛搪涂胶泥，这是炉灶是否“发火”（指烧火旺盛）的重要一环，要认真做好。具体做法是：先将胶泥搓成$\phi 20$～$\phi 30$的圆条，把圆条从炉栅略高处一层一圈的叠回到烟道口，每层都要压紧，并成为与锅底相似的形状。形状符合要求后，要以手蘸清水涂抹其表面，表面不要求平滑，应以设想的烟、火在炉膛内回旋运动的形式和方向抹涂，形成类似螺旋形的凹槽。

4. 烟囱的砌筑

炉灶都必须有烟囱，有的夹在墙中，有的附在墙外，有的独立砌筑，烟囱的孔洞一般为180mm×180mm，如夹在墙中的（如370mm厚墙），可采用木模芯，将长500～600mm的模芯砌入墙中，边砌边往上提拔模芯，使墙中形成180mm×180mm的孔洞。用模芯砌时模芯应高出砖墙顶面，以防止砌筑砂浆掉入其中，附墙的烟囱可用120mm厚的三面外壁，内留180mm×180mm孔洞，外壁与墙身的咬槎不少于60mm。砌完后，烟囱应高出屋脊500mm以上，防止风力大时造成回烟。

5. 砌灶面砖、安锅

灶面砖为一皮，四周挑出60mm，灶面用水泥砂浆刮糙抹平，之后安锅试烧，合格后将灶面用水泥砂浆抹面压光。

6. 试火

试火应在炉灶砌筑好，干燥一段时间后进行；试火时应支上铁锅，加入锅容量2/3的水，用刨花、木片、木材等易燃物品点燃后试火。试火时，开始火应小一些，然后加大火力，同时观察炉灶有无裂缝、漏烟；如不漏烟、不回烟，火苗在锅底回旋上升，锅内的水沿锅边冒气泡，则炉灶符合质量要求；反之则要修理达到要求后才能使用。

第三节　家用炉灶砌筑应预控的质量安全问题

炉灶的砌筑虽然不是高难度的工程，但也是一项技术性比较强的工作，初学者必须在师傅的指导下，通过反复地训练，不断积累经验，才能得心应手地砌出好炉灶。在砌筑中由于经验不足会出现以下可能出现的质量安全问题。

（1）炉火不旺　这主要是炉膛大小不合适、锅底离炉栅太近、拔风力不够或烟囱不通畅、出烟口太小或者位置不合适造成的。可以通过试火检查出其中的原因，检查修理后即可使火旺好烧。

（2）串烟、漏烟　就是烟不从烟囱走，而从别处钻出来。有楼层的房屋，上下层炉灶有主烟道与副烟道，下层主烟道的烟窜入上层副烟道后从上层炉灶中窜出来。在砌筑时做到砂浆饱满，烟囱外最好有抹灰层，这样可以减少漏烟。而上下层窜烟则要详细检查原因，可能是副烟道过早进入主烟道造成拔风不够造成的，把主副烟道隔开分明，就可以防止窜烟漏烟了。

（3）拔风不足　表现在烟冒不出去或有回烟。原因一是烟囱孔尺寸大小不够，二是烟囱高度不够。试验拔风力够不够，可以在炉灶砌好安上锅之后，用两手提一张纸靠近炉门，如果纸在接近炉门时被吸住，放手后仍不掉下来，则认为拔风达到要求，否则应找出原因，予以处理解决。

(4) 燃烧效果不好　炉灶火虽旺，但费燃料，所烧的水久久不开。原因可能是烟囱过高拔风大，也可能是回烟道砌得不恰当。解决办法是降低烟囱高度或修正回烟道及出烟口大小。如仍无效，则要大返修，重新搪涂炉膛。

(5) 家用炉灶砌筑的安全要求　烟囱砌筑时应注意高空作业的安全。人工传递砖时要搭好临时脚手架，站人的板宽度不少于600mm。传运砖时要瞻前顾后，步调一致，禁止开玩笑，并防落砖伤人，防止出现安全事故。

第四节　一般家用炉灶砌筑技能训练

技能训练14　家用炉灶的砌筑

1. 训练内容

砌筑家用单眼炉灶，锅的直径500mm，深度250mm；使用柴草。屋面为坡屋面，屋脊高度6m，檐口高度4m。烟囱靠山墙砌筑。

2. 基本训练项目

(1) 砌筑准备

1) 工具准备：瓦刀、大铲、平锹、刨锛、灰板、灰桶、溜子、灰板及质量检测工具钢卷尺、托线板、线锤、水平尺等。

2) 材料准备：普通黏土砖、石灰、砂、黏土、水泥和麻刀灰或纸筋灰，直径800mm，深度360mm的锅一口和与锅配套的炉栅与炉门。根据砌筑要求准备，包括拌好砌炉灶座用的水泥砂浆，砌炉灶膛用的黏土胶泥，抹烟囱烟道内壁用的麻刀灰或纸筋灰；灶台刮糙和粉光用的水泥砂浆，烟囱外壁用的石灰砂浆等。

3）技术准备：了解锅的直径、使用燃料，屋面的形式和高度；根据锅的规格做好锅样棒，锅样棒用两根长度等于锅直径的不变形的竹条或者木条制成，在中心用钉子固定，可以自由转动；画好砌筑草图；进行平面布置的定位放线。灶的高度为800mm，宽度为500mm + 200mm，长度为500mm +500mm。锅底和炉栅的距离为120mm，炉膛底的尺寸为220mm，炉膛深度为350mm，具体尺寸可根据实际情况进行调整。

（2）炉灶的砌筑

1）砂浆和黏土胶泥的拌制：可采用M2.5的水泥混合砂浆；砌筑炉膛用的黏土胶泥完全要靠手工拌制，取红黏土适量，一边加水，一边用手锤砸打，直到红土均匀可塑时，加入麻刀并进行揉搓成条备用。

2）按放线的位置砌炉座：根据锅的个数，砌筑两道炉座，炉座墙厚为180mm，高为300mm，长度较炉灶面缩进120mm，炉座墙间距为250mm。

3）砌风槽：当炉座墙砌到最后一层时，开始挑砖合拢，以两炉座墙间的中心线作为风槽的中心位置，并在合拢层上划一个记号，接着继续往上砌两层砖并挑出60mm，砌至风槽位置时，按中心线留出宽150mm、长250mm不砌而形成风槽，留风槽时应观察烟囱方向，以便决定风槽位置的进出。

4）铺炉栅：在风槽处铺好炉栅，炉栅的高度为800mm - 360mm - 120mm = 320mm；炉栅与下部合拢砖之间形成出灰槽。炉栅铺深应注意烟囱位置，以保证火焰始终保持在锅的中心，用锅样棒对准风槽的中心，定出炉膛底及炉门位置，再砌炉身及炉膛。

5）炉身的砌筑：用菜刀砖砌一皮砖压牢炉栅。炉门墙厚一般120mm，留出炉门位置，高180mm（三皮砖），宽150mm。

6）炉膛的砌筑：炉膛应从底部往上向四周放坡，本训练是砌筑烧柴灶，为了保温，可以不设回烟道。

7）炉膛搪涂胶泥：这是炉灶是否“发火”（指烧火旺盛）的重要一环，要认真做好。具体做法是：先将胶泥搓成$\phi20\sim\phi30$的圆条，把圆条从炉栅略高处一层一圈的叠回到烟道口，每层都要压紧，并成为与锅底相似的形状。形状符合要求后，要以手蘸清水涂抹其表面，表面不要求平滑，应以设想的烟、火在炉膛内回旋运动的形式和方向抹涂，形成类似螺旋形的凹槽。

8）烟囱的砌筑：本训练砌筑的炉灶为附墙烟囱，烟囱的孔洞为180mm×180mm，附墙的烟囱可用120mm厚的三面外壁，内留180mm×180mm孔洞，外壁与墙身的咬槎不少于60mm。烟囱应高出屋脊500mm以上，防止风力大时造成回烟。

9）砌灶面砖、安锅：灶面砖为一皮，四周挑出60mm，灶面用水泥砂浆刮糙抹平，之后安锅试烧，合格后将灶面用水泥砂浆抹面压光。

10）试火：试火应在炉灶砌筑好，干燥一段时间后进行；试火时应支上铁锅，加入锅容量2/3的水，用刨花、木片、木材等易燃物品点燃后试火；试火时，开始火应小一些，然后加大火力，同时观察炉灶有无裂缝、漏烟；如不漏烟、不回烟，火苗在锅底回旋上升，锅内的水沿锅边冒气泡，则炉灶符合质量要求；反之则要修理达到要求后才能使用。

3. 训练注意事项

1）炉灶的砌筑是一项技术性比较强的工作，必须通过反复地训练，不断积累经验，才能得心应手地砌出好炉灶。

2）炉灶砌筑时必须掌握好炉膛大小、锅底和炉栅的距离、烟囱和出烟口的大小，保证砌筑的炉灶火旺好烧。

3）炉灶砌筑时对有楼层的房屋必须注意主烟道和副烟道砌筑，防止烟道串烟。

4）在烟囱砌筑时必须注意高空作业的安全和临时脚手架的安全。

课题十一

屋面瓦的挂铺

第一节　屋 面 用 瓦

瓦是铺盖于坡屋面上作防水用的材料；是用黏土烧制而成的陶土材料，能较好地起到阻挡雨雪、保温隔热作用。主要品种有黏土平瓦、黏土脊瓦、水泥平瓦、水泥脊瓦、黏土小青瓦、黏土筒瓦、琉璃瓦；其他还有石棉水泥瓦、钢丝网水泥大波瓦、玻璃钢波形瓦、彩钢瓦等等。由于瓦屋面是以许多单块瓦拼合组成，所以能有效地消除温度变化引起的变形。

一、黏土平瓦

黏土平瓦是用塑性较好的黏土加水搅拌压制成形，经过晾干，送入窑中焙烧而成。黏土瓦是我国使用历史长而且用量大的屋面瓦材之一，主要用于民用建筑和农村建筑坡屋面的防水。

1）黏土平瓦有Ⅰ、Ⅱ、Ⅲ三个型号，尺寸规格分别为400mm × 240mm、380mm × 225mm、360mm × 220mm；平瓦按尺寸偏差、外观质量和物理力学性能分为优等品、一等品及合格品三个等级；每片瓦的干重约为3kg，分红、青两种颜色。黏土平瓦的形状如图11-1所示。

2）黏土平瓦的吸水率一般在10%左右。15张平瓦吸水后的重量不得超过55kg。

3）瓦爪的有效高度不应小于5mm，瓦槽深度不应小于

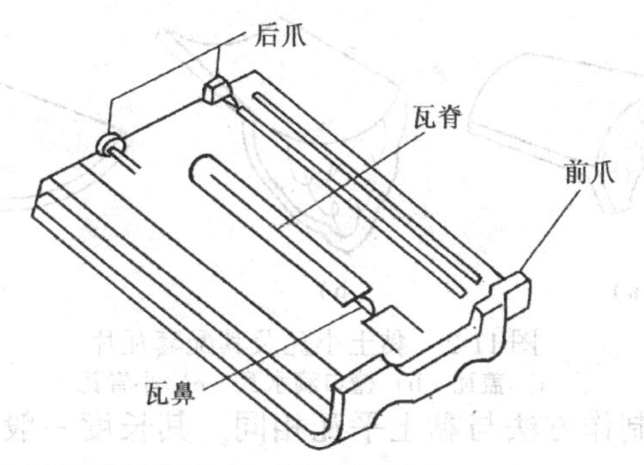

图 11-1　黏土平瓦

10mm，边筋高度不得低于 3mm，头尾搭接处长度一般为 50～70mm，内外槽搭接处长度为 25～40mm。表面应光洁、无翘曲，也不应有变形、砂眼或贯穿的小裂缝。

4）黏土平瓦放在距离 300mm 的两个支点上，瓦中间加重 60kg（即相当于一个中等个子的成年人重量）不应断裂，并应能抵抗 15 次冻融循环。

5）一批瓦中不得混入欠火瓦块（色泽不均匀、敲击无金属声的是欠火瓦块），也不应有爪筋等疏松和脱落的现象。

二、黏土小瓦

黏土小瓦俗称蝴蝶瓦、阴阳瓦和合瓦、小青瓦等，是我国传统的屋面防水覆盖材料。黏土小瓦也是以黏土为原料，经搅拌压制成形，风干后经过焙烧而制成。黏土小瓦一般应在窑顶洒入清水以制成青瓦。小瓦为弧形片状物，其规格尺寸各地不一，大致长度为 170～200 mm，宽度为 130～180mm，厚度为 10～15mm，与之相配合的还有盖瓦和檐口滴水瓦等，如图 11-2a～c 所示。

三、黏土脊瓦

黏土脊瓦是与黏土平瓦配合使用的黏土瓦，专门用来铺

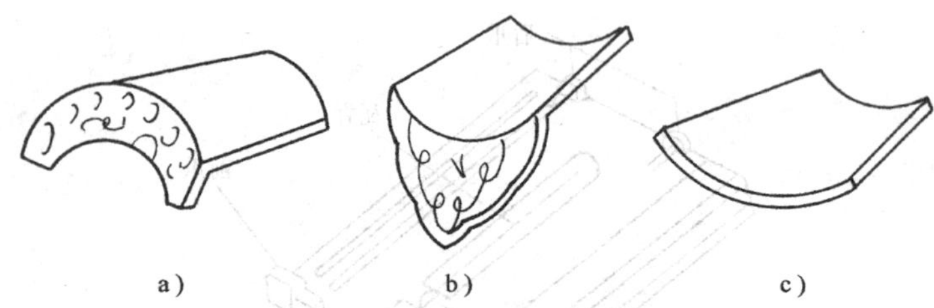

a)　　b)　　c)

图 11-2　黏土小瓦及其配套瓦片

a）盖瓦　b）檐口滴水瓦　c）小青瓦

盖屋脊。制作方法与黏土平瓦相同。其长度一般为 400mm，宽度为 250mm。有三角形断面和半圆形断面两种，每张瓦干重约 3kg。黏土脊瓦的抗折能力应不小于 70kg，并能经受 15 次冻融循环；不得有贯穿性裂缝和缺棱掉角现象，不翘曲、不变形。其形状如图 11-3a、b 所示。

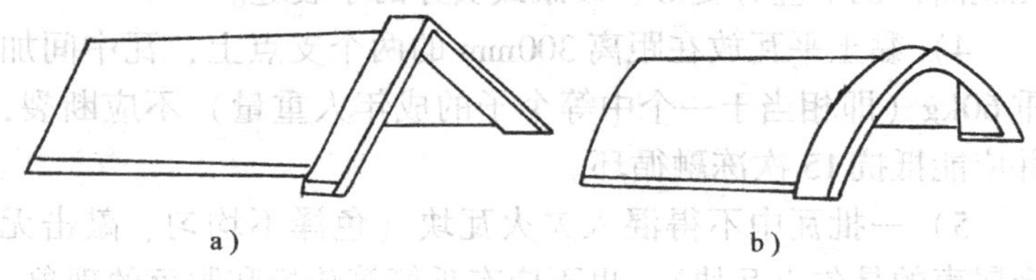

a)　　b)

图 11-3　脊瓦

a）三角形　b）圆形

四、其他

1）水泥瓦：分平瓦与脊瓦两种，是用水泥加砂配制，经机械加工成形、养护硬化而成。其外形基本与黏土平瓦相似，质脆易碎。

2）石板瓦：用天然岩石经加工劈成薄片瓦状的一种屋面覆盖材料，具有良好的不透水性、抗冻性和耐火性，抗折强度也很好，外形有长方、正方、菱形等，但自重较大。在石料产区可就地取材、加工，运输也较便利，所以采用石板瓦覆盖屋面较为普遍。

第二节　平瓦屋面的构造

平瓦屋面是我国传统的屋面形式，多用于乡镇民居和一些构筑物（如粮仓等）。平瓦屋面由于搭接缝隙多和抗渗性能差，所以要求下雨时排水要快，因此瓦屋面的坡度（水平长度与高度之比）必须大于1∶4。坡屋面的做法多为挂铺瓦，常见的是平瓦屋面。

一、有屋面板的平瓦屋面

有屋面板的平瓦屋面是在檩条上铺钉一层屋面板，板上铺一层油毡，然后，钉上檩条和挂瓦条。这样的屋面，保温、隔热、防雨雪的效果好，但是耗费的木材较多，现在已经用其他的复合板材替代木材作为屋面板。有屋面板的平瓦屋面的构造如图11-4所示。

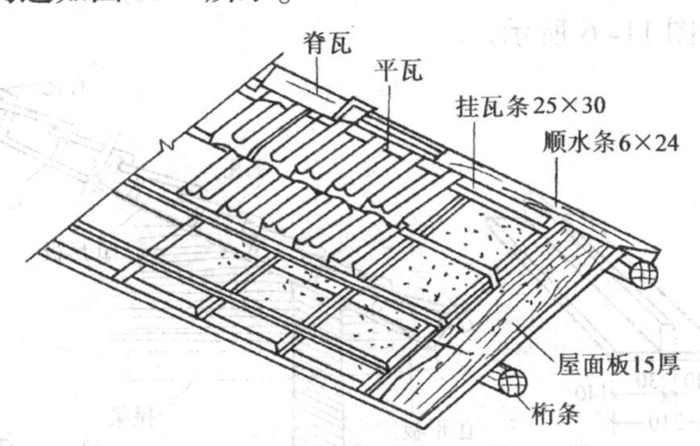

图11-4　有屋面板的平瓦屋面的构造

二、冷摊瓦的平瓦屋面

冷摊瓦的平瓦屋面是最简单的做法，就是在檩条上直接钉椽条，在椽条上钉挂瓦条，然后铺摊平瓦，这样的屋面保温、隔热、防雨雪的效果差，可作为临时房屋或者要求条件不高的厂房，其构造如图11-5所示。

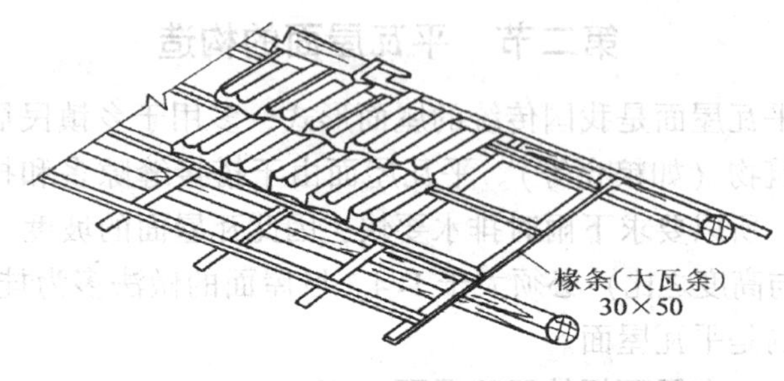

图 11-5　冷摊瓦的平瓦屋面的构造

三、钢筋混凝土挂瓦板的平瓦屋面

为了节约木材，可以采用横墙搁置挂瓦板再盖平瓦的做法，挂瓦板用钢筋混凝土制成，挂瓦板由三种板组合以配合屋顶斜面长度和屋脊、檐口等处，板缝用水泥砂浆嵌实，其构造如图 11- 6 所示。

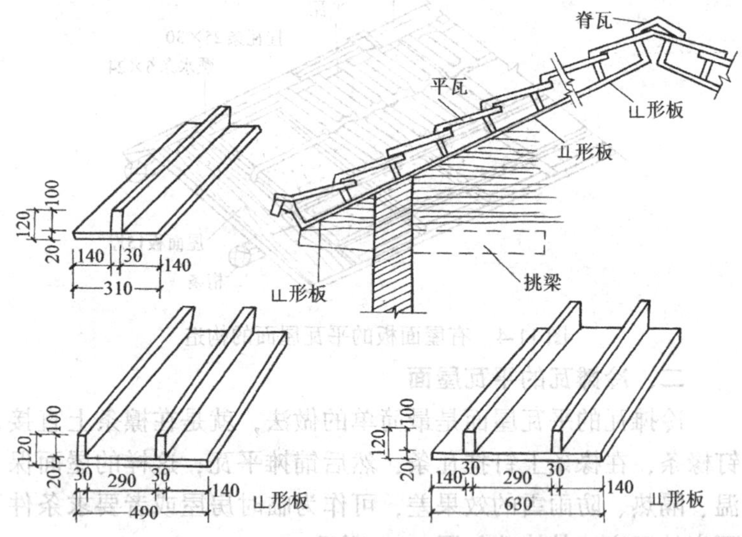

图 11-6　钢筋混凝土挂瓦板的平瓦屋面的构造

第三节　平瓦屋面的施工

平瓦屋面的施工是砌筑施工的一个基本的技能工作，屋面起着挡风、遮阳、防雨和阻雪的作用，在建筑物中占有十分重要的地位，因此，屋面施工质量的好坏，直接影响到房屋的整体质量，必须在施工时予以特别的重视。

一、平瓦屋面的施工顺序

施工准备→基层施工→基层验收→运瓦→铺瓦→天沟、斜脊与泛水→屋脊→清理屋面。

二、平瓦屋面的基层施工

1. 木板基层上铺油毡层

油毡要沿屋脊平行方向自下而上进行铺钉。檐口油毡应保证盖过封檐板上边口 10～12mm，油毡长边搭接不小于 70mm，短边搭接不少于 15mm，搭边处用压毡条沿屋脊的垂直方向钉牢固，间距应小于 500mm。油毡铺完后表面必须平直，压毡条必须钉牢，油毡表面完整无损，不准有缺边、破洞等缺陷。

2. 挂瓦条

根据平瓦的尺寸和一面坡的长度来计算瓦条的间距，瓦条的横断面一般为 30mm×30mm，长度应大于三根椽条的间距。瓦条挂上后要平直，钉檐口挂瓦条时要比其他挂瓦条高出 20～30mm，顺序是从檐口开始逐步向上至屋脊。为保证尺寸准确，可在一面坡的两端，准确地量出瓦条间距，拉出通线后再进行瓦条的钉挂。

三、平瓦屋面的铺瓦准备

1. 技术准备

1）检查屋面基层、防水层是否平整，有无破损，搭接长度是否符合要求，椽子与每个檩条的交接处是否钉牢。

2）检查挂瓦条是否钉牢，间距是否准确。檐口挂瓦条是否满足檐瓦出檐50～70mm的要求，检查无误后方可运瓦上屋面。

3）检查脚手架的牢固程度，搭设高度是否超出檐口1m以上。

2. 材料准备

1）做好选瓦工作，凡缺边、掉角、裂缝、砂眼、翘曲不平和缺少瓦爪的瓦不得使用，并准备好山墙、天沟处的半片瓦。

2）运瓦可利用垂直运输机械运到屋面标高，然后沿脚手分散到檐口各处堆放。向屋顶运输主要靠人工传递的方法，每次传递两块平瓦，分散堆放在坡屋面上，注意防止碰破防水层。

3）瓦在屋面上的堆放，以一垛九块均匀摆开，横向瓦堆的间距约为两块瓦长，坡向间距为两根瓦条，呈梅花状放置（俗称一步九块瓦），见图11-7a；亦可每四根瓦条间堆放一行，开始先平摆5～6张瓦作为靠山，然后侧摆堆放（俗称一铺四），见图11-7b。在堆瓦时应两坡同时进行，以免屋

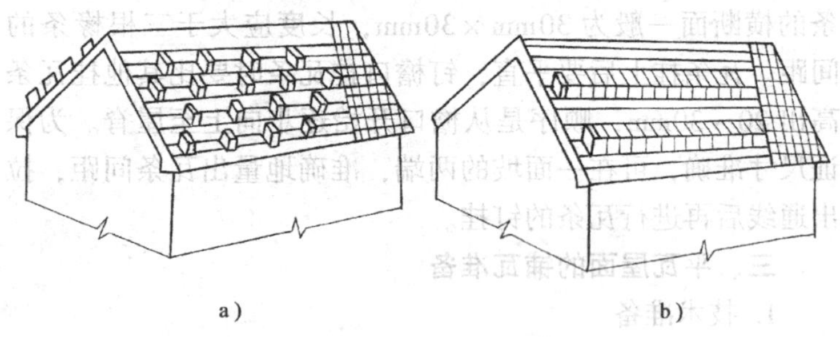

图11-7　平瓦堆放

架受力变形或造成安全事故。

四、平瓦屋面的铺瓦

1）铺瓦的顺序是先从檐口开始到屋脊，从每块屋面的左侧山头向右侧山头进行。檐口的第一块瓦应拉准线铺设，平直对齐，并用铁丝和檐口挂瓦条拴牢。

2）上下两棱瓦应错开半张，使上行瓦的沟槽在下行瓦当中，瓦与瓦之间应落槽挤紧，不能空搁，瓦爪必须勾住挂瓦条，随时注意瓦面、瓦棱平直。

3）在风大地区、地震区或屋面坡度大于30°的瓦屋面及冷摊瓦屋面，瓦应固定，每一排一般要用20号镀锌铁丝穿过瓦鼻小孔与挂瓦条扎牢。

4）一般矩形屋面的瓦应与屋檐保持垂直，可以间隔一定距离弹垂直线加以控制。

五、天沟、戗角（斜脊）与泛水做法

1. 天沟和戗角（斜脊）

天沟和戗角（斜脊）处一般先试铺，然后按天沟走向弹出墨线编号，并把瓦片切割好，再按编号顺序铺盖。天沟的底部用厚度为0.45～0.75mm的镀锌钢板铺盖，铺盖前应涂刷两道防锈漆，一般薄钢板应伸入瓦下面不少于150mm。瓦铺好以后用掺麻刀的混和砂浆抹缝。戗角（斜脊）也要按天沟做法弹线、编号、切割瓦片，待瓦片铺设好以后，再按做脊的方法盖上脊瓦。天沟及戗角（斜脊）的做法见图11-8。

2. 山墙处的泛水

如果山墙高度与屋面平，则只要在山墙边压一行条砖，然后用1∶2.5水泥砂浆抹严实做出披水线就行了；如果是高出屋面的山墙（高封山），其泛水做法见图11-9。

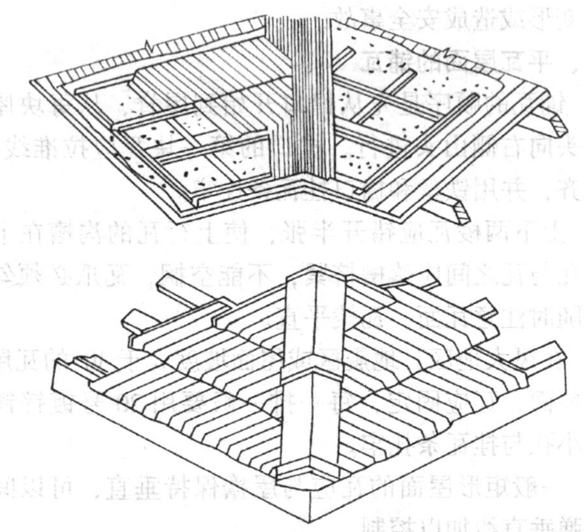

图 11-8　天沟及戗角（斜脊）

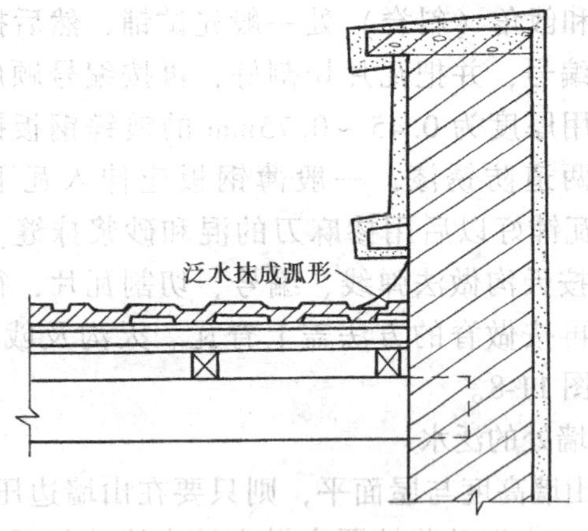

图 11-9　高封山泛水的做法

六、平瓦屋面的做脊

铺瓦完成后，应在屋脊处铺盖脊瓦，俗称做脊。先在屋脊两端各稳上一块脊瓦，然后拉好通线，用水泥石灰麻刀砂浆将屋脊处铺满，先后依次扣好脊瓦。要求脊瓦内砂浆饱满密实，以防被风掀掉，脊瓦盖住平瓦的边必须大于40mm，脊瓦之间的搭接缝隙和脊瓦与平瓦之间的搭接缝隙，应用掺有麻刀的混合砂浆填实，砂浆中可掺入与瓦颜色相近的颜料。屋脊和斜脊应平直，无起伏弯曲现象。

铺瓦时应尽量不要在已铺好的瓦上行走，避免将瓦踩坏。如必须在瓦上行走时，应踩瓦的两头，不踩中间。铺瓦过程中发现破损瓦要及时更换，整个屋面铺瓦完毕后，应该清扫干净。

第四节 小青瓦屋面的施工

一、小青瓦的屋面构造

小青瓦屋面在我国沿用历史已经很久，尤其在农村，至今仍然较广泛应用小青瓦作为屋面，小青瓦铺法分为阴阳瓦屋面和仰瓦屋面两种。阴阳瓦屋面是将仰瓦与俯瓦间隔成行（图11-10a）；仰瓦屋面是全部用仰瓦铺成行列，垄上抹灰埂（图11-10b）或不抹灰埂（图11-10c）。

二、小青瓦屋面的施工顺序

准备工作→运瓦和摆放→筑脊和铺瓦→做斜沟→清扫屋面完成铺筑。

三、小青瓦屋面的施工准备

1. 小青瓦的质量验收

对小青瓦的质量应进行认真检查验收，检查时既要看成色又要听声音，好的瓦应该是色泽一致、尺寸相同、弯曲弧

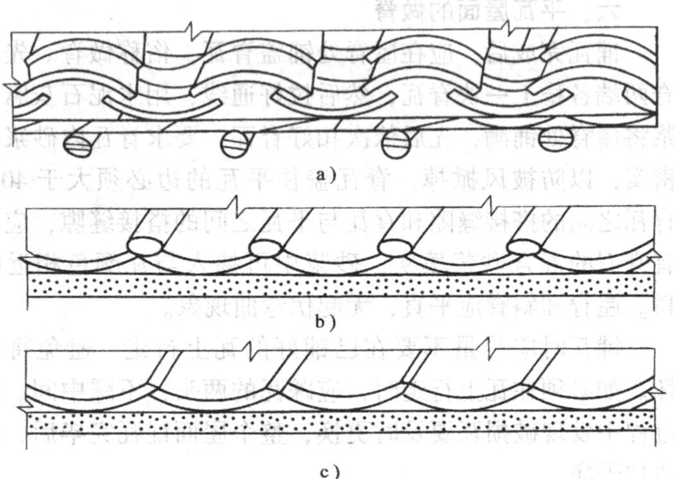

图 11-10　小青瓦屋面形式

a）阴阳瓦　b）有灰埂仰瓦　c）无灰埂仰瓦

度相等，轻轻敲击时声音清脆。含有石灰块杂质、砂眼多、有裂缝、欠火较重、质量差的青瓦，一律不得使用。

2. 检查铺瓦的基层

小青瓦屋面的基层有三类：

1）用于冷摊瓦的基层是木椽条，直径约 60mm 的木椽条钉在檩条上，椽条的间距视小青瓦的宽度而定，一般以小青瓦小头宽度的 4/5 为准，要求椽条间距均相等，木基层的允许偏差和检验方法见表 11-1。

2）在椽条上再铺望砖或荆笆、秸秆等作为基层，然后在上面铺小青瓦。望砖下椽条的间距以望砖长作为中到中的距离，荆笆或秸秆下椽条的间距以铺瓦后不往下镶得太多为准，对铺瓦的面层要求平整，如不平应调整椽条的平直来解决。

表 11-1　木基层的允许偏差和检验方法

项次	项　　目		允许偏差 /mm	检 查 方 法
1	檩条、椽条的截面尺寸	10cm 以下	−2	每种各抽查 3 根，用尺量高度和宽度检查
		10cm 以上	−3	
2	原木檩（梢径）		−5	抽查 3 根，用尺量检查梢径，取其最大与最小的平均值
3	檩条上表面齐平	方木	5	每坡拉线，用尺量一次检查
		原木	8	
4	悬臂檩接头位置		1/50 跨长	抽查 3 处，用尺量检查
5	封檐板平直		8	每个工程抽查 3 处，拉 10m 线和尺量检查

3）现代仿古建筑：在钢筋混凝土斜坡板上铺小青瓦，要求屋板面坡度适宜，板面平整，过高的地方应凿去，过低的地方应抹砂浆找平。基层检查合格后才可运瓦上瓦，摆放均匀。

3. 小青瓦的运输摆放

小青瓦容易破损，因此堆放和运输要尽量减少损失，为减少倒运次数，堆放场地应靠近施工建筑物，瓦片应立放成条形，靠墙边放，堆放高度以立瓦五至六层为宜，不能太高，不同规格的青瓦应分开堆放。

水平运输时车底应垫草或草袋，道路要平整，减少振动，装车要轻装，卸车要轻卸，垂直运输应利用提升机把瓦送到屋面高度，然后由脚手架上运输分散到屋面各处堆放，从脚手架往屋面上运，则由人工传递，传瓦时应注意安全操作，并防止瓦片损坏，上瓦应前后坡同时同方向进行。

小青瓦在屋面上的堆放，应均匀而有次序地摆在椽条部位处，阴瓦、阳瓦应分行堆放，这些青瓦在屋面上也应该两坡同时堆放；屋脊处应多堆放些瓦片，以筑脊之用。铺瓦用的灰浆和筑脊时用的望砖根据需用量随用随运。

四、小青瓦屋面的铺瓦

小青瓦片薄易碎，铺盖顺序和平瓦不同，为了避免最后做脊会把瓦踩碎，一般在大片铺瓦之前要先进行筑脊。根据筑脊方法不同，一般铺瓦方法分为两类：

1. 普通小青瓦屋脊

普通小青瓦屋脊俗称为斜脊或游脊。这种屋面构造为软边棱、无纹头、屋脊构造简单，如图 11-11 所示。施工步骤如下：

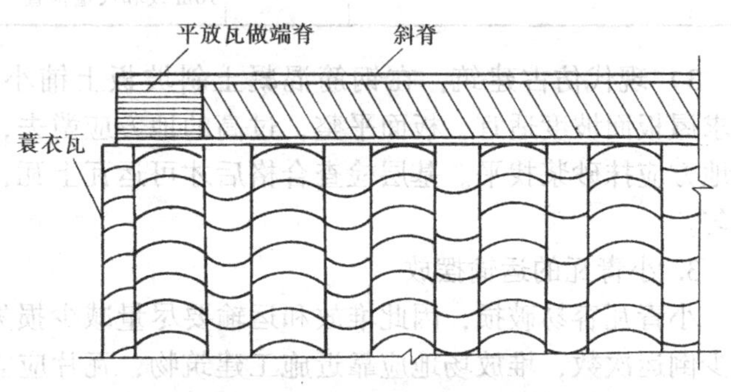

图 11-11　普通小青瓦屋脊

1）先把基层做好，如望砖等，使人有站脚之地，如为现浇钢筋混凝土板的，也应把找平层抹好。

2）根据斜脊屋面的做法，先在山墙做出软边棱（俗称蓑衣瓦），即沿山墙顶放一皮盖瓦，挑出半张瓦出山墙面；然后再在边瓦处铺一皮仰瓦，在第一皮盖瓦和仰瓦上再盖一皮盖瓦。两端山墙边棱做好后，将中间部分按瓦的宽窄分垄排瓦，确定每垄的中心线。有了瓦的位置，先在屋脊两坡各铺放三张仰瓦（阴瓦）、五张盖瓦（阳瓦），形成每垄瓦的脊端的垄头，为筑脊创造条件，俗称脊端老头瓦。有了两坡的老头瓦，即可开始筑脊。这时人站或蹲在望砖上可以不踩瓦，垄沟大小的距离，一般以盖瓦的边棱能扣住仰瓦边棱40mm以上即可，排瓦时以最少为40mm的扣盖为标准，可进行调整，使整个屋面垄沟均匀整齐美观。

3）进行筑脊：筑脊时先在老头瓦脊上盖扣两层瓦片，俗称合背瓦。合背瓦时要用石灰砂浆窝瓦，并以此找直找平屋脊，合背瓦时第一皮瓦平口对接铺放，第二皮瓦则要骑缝盖压在第一皮背脊瓦上。背脊合好之后，在上面砌一皮瓦条，然后进行筑脊，普通脊筑法有三种：一种是把瓦片立直，先在山头平放一叠瓦封头，再从两边端头向中间筑脊合拢，屋脊中央也可以适当做些花饰；另一种是把瓦片斜放挤紧，由两山头向中央筑脊，脊中成V形处可做些花饰挤紧两头；再一种最简单，像做平瓦屋面的脊瓦一样，即在合背脊上一张瓦搭一张瓦从一个山头铺到另一个山头，俗称游脊，两头用砂浆封固即可。脊筑完之后，把背脊处用纸筋灰嵌抹好，立瓦脊或斜瓦脊上面要抹一层盖头灰，盖头灰用纸筋灰加烟墨抹制，达到与瓦色接近，最后进行大片铺瓦。

4）铺瓦：铺瓦时从檐口到老头瓦拉线领直，并单垄排瓦，要求瓦面上下搭接2/3，俗称“一搭三”，确定阴阳瓦一垄各用多少量。瓦全部铺好后，应清扫屋面、清理垄沟、掉换碎瓦。最后在脚手上把山头蓑衣瓦下与山墙顶处、前后檐口处及瓦头的空隙处用石灰砂浆堵实，再用纸筋灰抹好压光，如图11-12所示。

2. 有纹头高脊的小青瓦屋面

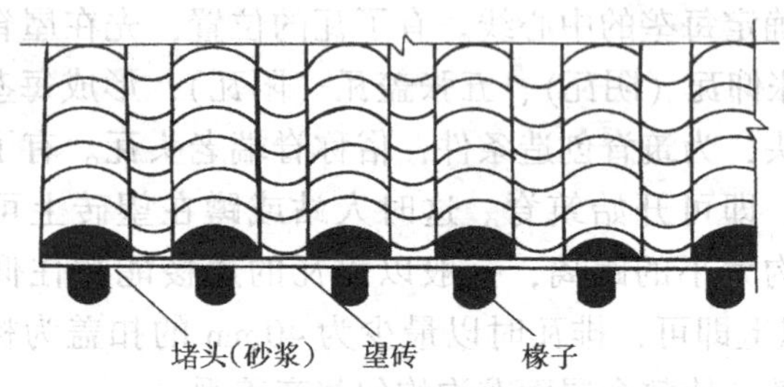

图 11-12　檐口处墙灰的处理

这类屋面采用硬边棱，有托盘，有纹头，用立瓦筑脊，并要出一、二道灰线，其形式如图 11-13 所示。施工步骤如下：

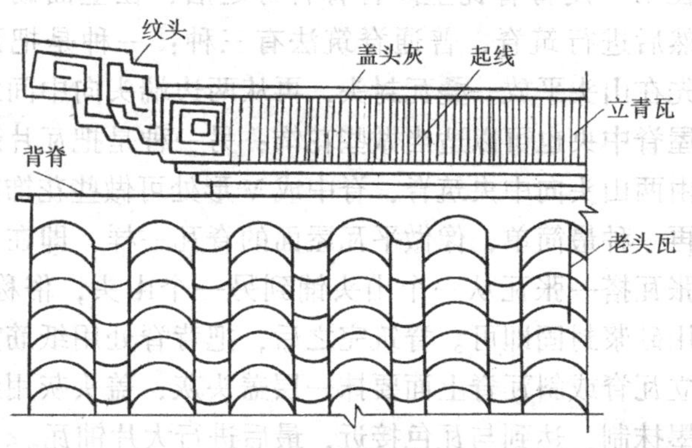

图 11-13　纹头高脊

1）做硬边棱：所谓硬边棱是在山墙处盖瓦只盖一皮，第一垄盖瓦的一边棱与山墙面平齐，瓦下垫瓦条。另一边棱扣入第一皮仰瓦内，至少 40mm。其他分垄沟、端老头瓦的方法和普通小青瓦屋脊的屋面做法相同。

2）做托盘：托盘实际是一种小悬挑结构，托盘起始点由山墙进来二垄半瓦开始向外砌，是用望砖向上挑砌，再用小青瓦的小头在上的形式倒拖瓦拖下来与合背脊的瓦接通。背脊合好后，再做纹头，纹头的端头不能超出山墙，纹头的图案、式样可根据自己的手艺或者按照设计要求做出。纹头做好后，在合背脊上砌一皮望砖，再在望砖层上立瓦片筑脊，由两端纹头处向中央筑。

3）脊筑好之后，用三角直尺抹起线（即在砌的那皮望砖上抹出灰线），再抹盖头灰及修饰纹头的花纹，最后把背脊处与老头瓦的空隙抹好，该类筑脊就算完成。大片铺瓦和普通小青瓦屋面一样。

五、小青瓦屋面的铺筑要点

1）小青瓦的屋脊有人字脊（采用平瓦的脊瓦）、直脊（瓦片平铺于屋脊上或竖直排列于屋脊，两端各叠一垛，作为瓦片排列时的靠山）与斜脊（瓦片斜立于屋脊上，左右与中间成对称）等几种。

做脊前，先按瓦的大小，确定瓦楞的净距（一般为50～100mm），事先在屋脊排好。两坡仰瓦下面用碎瓦、砂浆垫平，将屋脊分档瓦楞窝稳，铺上砂浆，平铺俯瓦3～5张。然后在瓦的上口再铺上砂浆。将瓦均匀地竖排（或斜立）于砂浆上，瓦片下部要嵌入砂浆中窝牢不动。铺完一段，用靠尺拍直，再用麻刀灰浆将瓦缝嵌密，露出砂浆抹光，然后可以铺列屋面小青瓦。

2）铺瓦时，檐口按屋脊瓦楞分档，用同样方法铺盖3～5张底盖瓦作为标准。

3）檐口第一张底瓦，应挑出檐口50mm，以利排水。檐口第一张盖瓦，应抬高约20～30mm（约2～3张瓦高），其空隙用碎石、砂浆嵌塞密实，使整条瓦楞通顺平直，保持同一坡度，并用纸筋灰镶满抹平，俗称“扎口”，见图11-14。

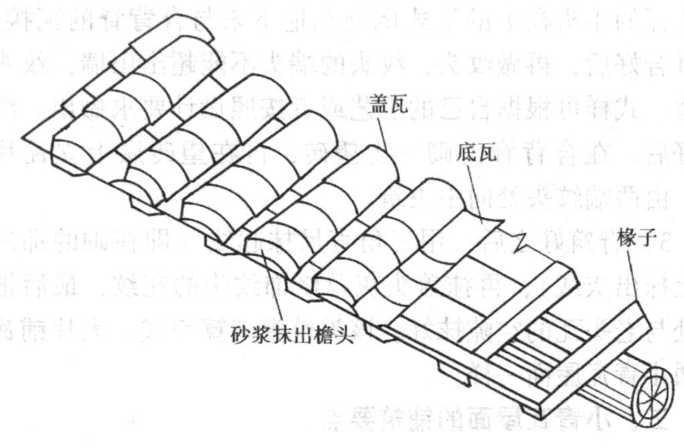

图 11-14　小青瓦屋面扎口

4）不论底瓦或盖瓦，每张瓦搭接不少于瓦长的 2/3（俗称“一搭三），要对称铺筑。铺完一段，用 2 m 长靠尺板拍直，随铺随拍，使整棱瓦从屋脊到檐口保持前后整齐顺直。檐口瓦棱分档标准做好后，自下而上，从左到右，一棱一棱地铺设，也可以左右同时进行。为使屋架受力均匀，两坡屋面应同时进行。

5）悬山屋面，山墙应多铺一棱盖瓦，挑出半张作为披水。硬山屋面用仰瓦随屋面坡度侧贴于墙上作泛水。冷摊瓦屋面，将底瓦直接铺在椽子上。

6）我国南方沿海一带，因台风关系，对小青瓦屋面的屋脊及悬山屋面的披水，要用麻刀灰浆铺砌一皮顺砖后，再用纸筋灰刮糙粉光。仰俯瓦（即底盖瓦）搭接处用麻刀灰嵌实粉光。盖瓦每隔 1m 左右用麻刀灰铺砌一块顺砖，并与盖瓦缝嵌密实，相邻两行前后错开（俗称“压砖”）。扎口与前述相同。

7）小青瓦屋面的斜沟与平瓦屋面的斜沟做法基本相同。

在斜沟处斜铺宽度不小于500mm的白铁或油毡，并铺成两边高中间低的洼沟槽，然后在白铁或防水卷材两边，铺盖小瓦（底瓦和盖瓦），搭盖100～500mm，瓦的下面用混合砂浆填实压光，以防漏水。

8）屋面铺盖完后，应对屋面全面进行清扫，做到瓦棱整齐，瓦片无翘角破损和张口现象。

第五节　瓦屋面施工应预控的质量问题与安全注意事项

一、平瓦屋面的质量标准

1. 平瓦屋面质量的保证项目

1）平瓦的质量必须符合有关标准的规定。检验方法：观察检查和检查出厂合格证或者质量检验报告。

2）大风和地震地区，以及坡度超过30°的屋面或冷摊瓦屋面，必须用镀锌铁丝将瓦与挂瓦条扎牢。检验方法：观察和手扳检查

2. 平瓦屋面质量的基本项目

1）平瓦的铺设应符合以下规定：

合格：挂瓦条分档均匀，铺钉牢固；瓦面基本整齐。

优良：挂瓦条分档均匀，铺钉平整、牢固；瓦面平整，行列整齐，搭接紧密，檐口平直。

检验方法：观察检查。

2）屋脊和斜脊应符合以下规定：

合格：脊瓦搭盖正确，封固严密；屋脊和斜脊顺直。

优良：脊瓦搭盖正确，间距均匀，封固严密；屋脊和斜脊平直，无起伏现象。

检查方法：观察和手扳检查。

3）天沟、斜沟、檐沟和泛水应符合以下规定：

合格：做法基本符合施工规范规定，结合严密，无渗漏。

优良：做法符合施工规范规定，平直整齐，结合严密，无渗漏。

检查方法：观察或雨后检查。

3. 平瓦屋面的允许偏差项目

平瓦屋面的有关尺寸要求和检验方法应符合表 11-2 的规定。平瓦屋面的检查数量是按每 $100m^2$ 面积抽查 1 处，每处应为 $10m^2$，但不少于 3 处，不足 $100m^2$ 按 $100m^2$ 计算。

表 11-2　平瓦屋面的有关尺寸要求和检验方法

项次	项　目	尺寸要求/mm	检验方法
1	脊瓦和坡瓦的搭接长度	≥40	尺量检查
2	天沟、斜沟、檐沟铁皮伸入瓦片下长度	≥150	
3	瓦头挑出檐口的长度	50～70	
4	突出屋面的墙或烟囱的侧面瓦伸入泛水长度	≥50	

二、平瓦屋面施工应预控的质量问题

（1）屋面渗漏　屋面渗漏的原因主要有以下几点：一是选瓦不严，混进了有砂眼、裂缝的瓦片；二是铺瓦时挤的不紧密；三是瓦铺好后，在瓦面行走踩坏了瓦片。针对这样的原因，预控的方法：一是要对瓦片严格挑选，二是要组织好先后顺序，可以在盖瓦前做的工作，不放到盖瓦后来做；不得已在瓦上行走时，一定要轻踩在瓦头上，不要踩在瓦中间。

（2）沟垄不直　沟指天沟，垄为瓦垄；沟垄不顺直影响雨水下流的速度，容易产生积聚，特别是当屋面积聚了大量的枯枝败叶后，容易引起渗漏。主要的原因是铺瓦时没有事先弹线。预控的方法是铺瓦时一定要弹出与屋脊垂直的线，用以控制瓦垄的垂直度。

(3) 瓦面不平　瓦面不平主要是混入翘曲瓦片或者瓦与瓦之间没有挤紧引起的，也有的是铺完后走动，造成瓦面松动不平。预控的方法：铺完瓦后进行全面检查，发现问题，及时纠正。

(4) 出檐不一致　瓦的出檐按规范规定应为50～70mm，一般定为60mm，但由于操作不细，会出现伸出不一致情况，除引起外观不美外，如果伸出过短，可能把雨水延向檐下，渗到室内造成渗漏；如果伸出过长可能会在刮大风时掀掉；要防止出檐不一致，预控的方法是：在铺瓦开始时，在两山头出檐处先固定铺好各一块瓦，量准出檐尺寸，然后拉上通线，线长的话中间可以腰定尺寸，檐口瓦以此为准，进行铺设就可以达到出檐一致。

三、铺筑小青瓦屋面的注意要点

1）小青瓦屋面的铺筑要点：筑脊时一定要拉通线，做到平直，脊瓦底部要做稳，坐灰要饱满，使屋脊不变形。铺瓦时，每垄铺盖一段后要用直尺检查一遍，并进行校直。有囊度的大屋面，还要检查囊度是否一致。发现问题应及时纠正。

2）檐口瓦挑出檐口不少于50mm，应挑选外形整齐、质量较好的小青瓦。檐口瓦的盖瓦应适当抬高30～50mm，俗称“望檐”，以防盖瓦下滑。檐口瓦出檐应拉通线，使出檐一致，抬头高度一致，檐头整齐平直。

3）铺筑小青瓦屋面的质量要点：瓦片应色泽一致，无破损、裂缝、缺边、掉棱；瓦屋面不得渗漏；瓦片要窝坐牢固无下滑现象；盖瓦要搭盖均匀，无下滑和稀密不均现象；

脊要平直无波浪形，脊与瓦接缝处应严密、无渗漏，无缝隙。山墙及檐口处均应用灰浆把孔隙、洞眼堵塞密实，表面压光；瓦垄沟应直，檐口出檐应一致，抬高一致成一条直线，外观整齐观感良好。

四、小青瓦屋面施工应预控的质量问题

(1) 屋面渗漏　小青瓦屋面渗漏的原因有屋面坡度不够，基层材料刚度不足，铺设不良引起出水不畅或部分倒泛水，细部处理不当，瓦片质量差或施工中受损破裂等。预控的方法：应做到坡度合理，基层材料强度、刚度均满足要求；对小青瓦应认真选瓦；对屋脊、山墙、檐头以及天沟等细部按照规范做好操作工艺。

(2) 瓦片脱落　屋面瓦片脱落原因有底瓦窝灰不牢，檐口瓦未抬高，刮大风及猫、鼠、雀等骚扰。原因多种，除后面非操作原因外，在操作上要按质量要求施工，瓦片规格要一致，窝灰严实，檐头瓦要抬高，“一搭三”的做法要准确一致。

五、瓦屋面施工的安全注意事项

1）铺盖屋面瓦片时，檐口处必须搭设防护设施，顶层脚手面应在檐口下1.2～1.5m处，并满铺脚手板，外排立杆应设护身杆，并高出檐口1m，设三道护栏，外挂安全网。第一道应高出脚手面500mm左右，以此往上再设两道，上人屋面应搭设专用爬梯，不得攀爬檐口和山墙上下，每天上班应先检查脚手架的稳固情况。

2）雨天和冬期，应打扫雨水和霜雪，并增设防滑设施。

3）屋面材料必须均匀堆放，支垫平整。两侧坡屋面要对称堆放，特别是屋架承重时，若不对称堆放可能因屋架受力不均而引起倒塌。

4）屋面施工系高处作业，散碎瓦片及其他物品不得任意抛掷，以免伤人。

5）施工人员在上岗前应进行健康检查，有高血压、心脏病、癫痫病者不得从事高处作业。在坡屋面上行走时，应面向屋脊或斜向屋脊，以防滑倒。

第六节 瓦屋面挂铺的技能训练

技能训练15 挂铺普通的屋面平瓦

1. 训练内容

在30°坡屋面上挂铺平瓦。

2. 基本训练项目

（1）挂铺屋面瓦的准备

1）工具准备：瓦刀、大铲、灰板、灰桶、钢丝钳及质量检测工具钢卷尺、水平尺、墨斗等。

2）材料准备：质量检查验收合格的整瓦和加工用于山墙、天沟处的半片瓦，用垂直运输机械将瓦运至屋面标高，分散放在脚手架上，然后用人工传递的方法，按照要求将瓦分散并且两坡同时堆放在坡屋面上；挂铺用水泥石灰麻刀砂浆，绑扎用20号镀锌铁丝等。

3）技术准备：检查屋面基层防水层是否平整，有无破损，搭接长度是否符合要求，椽子与每个檩条的交接处是否钉牢，挂瓦条是否钉牢，间距是否准确，檐口挂瓦条是否满足檐瓦出檐50～70mm的要求，同时要检查脚手架的牢固程度，搭设高度是否超出檐口1m以上。

（2）屋面平瓦的挂铺

1）先从檐口开始到屋脊，从每块屋面的左侧山头向右侧山头进行。檐口的第一块瓦应拉准线铺设，平直对齐，并用铁丝和檐口挂瓦条拴牢。

2）上下两楞瓦应错开半张，使上行瓦的沟槽在下行瓦当中，瓦与瓦之间应落槽挤紧，不能空搁，瓦爪必须勾住挂瓦条，随时注意瓦面、瓦楞平直。

3）按照屋面坡度大于30°的瓦屋面的要求，将瓦固定，每一排一般都要用20号镀锌铁丝穿过瓦鼻小孔与挂瓦条扎牢。

4）按照要求每间隔一定距离都要弹垂直线，控制瓦与屋檐保持垂直；依次进行铺瓦。

5）铺盖脊瓦：先在屋脊两端各稳上一块脊瓦，然后拉好通线，用水泥石灰麻刀砂浆将屋脊处铺满，先后依次扣好脊瓦。

6）施工结束时，要及时地清理屋面，保证屋面无建筑垃圾，做到文明施工。

3. 训练注意事项

1）挂铺瓦时要严格挑选瓦片，保证平瓦的质量。挂铺好的屋面，不能在瓦上行走，如不得已在瓦上行走时，一定要轻踩在瓦的两头上，不要踩在瓦中间。

2）铺瓦时一定要弹出与屋脊垂直的线，用以检查瓦垄的垂直度。

3）在铺瓦开始时，要在两山头出檐处先各固定铺好一块瓦，量准出檐尺寸，然后拉上通线，檐口瓦以此为准，进行铺设，保证出檐一致。

4）做脊时要求脊瓦内砂浆饱满密实，脊瓦盖住平瓦的边必须大于40mm，脊瓦之间的搭接缝隙和脊瓦与平瓦之间的搭接缝隙，应用掺有麻刀的混合砂浆填实，屋脊和斜脊应平直，无起伏现象。

5）铺盖屋面瓦片时，檐口处必须搭设防护设施，要按照要求设置3道防护栏，外挂安全网；挂铺前应先检查脚手架的稳固情况。

技能训练16　铺筑普通小青瓦屋面

1. 训练内容

铺筑普通小青瓦屋面，基层为望砖。

2. 基本训练项目

（1）挂铺准备

1）工具准备：瓦刀、大铲、灰板、灰桶及质量检测工具钢卷尺、水平尺、墨斗等。

2）材料准备：按照小青瓦的质量要求进行检查验收，对含有石灰块杂质、砂眼多、有裂缝、欠火较重、质量差的青瓦，一律不得使用。用垂直运输和人工传递的方法将瓦运送到屋面；在屋面上应均匀而有次序地摆在椽条部位处，阴瓦、阳瓦应分行堆放，屋脊处应多堆放些瓦片，以筑脊之用。铺瓦用的灰浆和筑脊时用的望砖根据需用量随用随运。

3）技术准备：首先检查铺瓦的基层，主要检查望砖是否有损坏，对铺瓦的面层要求平整，凡不平的应调整椽条的平直来解决；基层检查合格后才可运瓦上瓦，摆放均匀再开始铺瓦。

（2）普通小青瓦屋面的铺筑

1）根据斜脊屋面的做法，先在山墙做出软边棱，即沿山墙顶放一皮盖瓦，挑出半张瓦出山墙面；然后再在边瓦处铺一皮仰瓦，在第一皮盖瓦和仰瓦上再盖一皮盖瓦。

2）两端山墙边棱做好后，将中间部分按瓦的宽窄分垄排瓦，确定每垄的中心线。有了瓦的位置，先在屋脊两坡各铺放形成脊端垄头瓦（俗称端老头瓦），为筑脊创造条件。

3）有了两坡的老头瓦，即可开始筑脊，因为只有三张仰瓦、五张盖瓦，所以人站或蹲在望砖上可以不踩瓦。垄沟大小的距离，一般盖瓦的边棱能扣住仰瓦边棱40mm以上即可，排瓦时以最少为40mm的扣盖为标准，可进行调整，使整个屋面垄沟均匀整齐美观。

4）筑脊时先在老头瓦脊上盖扣两层瓦片，用石灰砂浆窝瓦，并以此找直找平屋脊，第一皮瓦平口要对接铺放，第二皮瓦则要骑缝盖压在第一皮背脊瓦上。背脊合好之后，在上面砌一皮瓦条，然后进行筑脊，普通脊筑法是把瓦片立直，先在山头平放一叠瓦封头，再从而边端头向中间筑脊合拢，屋脊中央可根据情况适当做些花饰。

5）脊筑完之后，把背脊处用纸筋灰嵌抹好，立瓦脊或斜瓦脊上面要抹一层盖头灰。盖头灰用纸筋灰加烟墨抹制，达到与瓦色接近。

6）进行大片铺瓦。铺瓦时从檐口到老头瓦拉线领直，并单垄排瓦，要求瓦面上下搭接2/3，俗称“一搭三”，确定阴阳瓦一垄各用多少量。

7）瓦全部铺好后，应清扫屋面、清理垄沟、掉换碎瓦。最后在脚手上把山头蓑衣瓦下与山墙顶处、前后檐口处及瓦头的空隙处用石灰砂浆堵实，再用纸筋灰抹好压光。

3. 训练注意事项

1）小青瓦的铺筑与平瓦不同，一般在铺前先做脊。

2）做脊前，先按瓦的大小，确定瓦楞的净距（一般为50～100mm），事先在屋脊排好。两坡仰瓦下面用碎瓦、砂浆垫平，将屋脊分档瓦楞窝稳，铺上砂浆，平铺俯瓦3～5

张，然后在瓦的上口再铺上砂浆。将瓦均匀地竖排（或斜立）于砂浆上，瓦片下部要嵌入砂浆中窝牢不动。铺完一段，用靠尺拍直，再用麻刀灰浆将瓦缝嵌密，露出砂浆抹光，然后可以铺列屋面小青瓦。

3）铺瓦时，檐口按屋脊瓦棱分档，用同样方法铺盖3～5张底盖瓦作为标准。

4）檐口第一张底瓦，应挑出檐口50mm，以利排水。檐口第一张盖瓦，应抬高约20～30mm（约2～3张瓦高），其空隙用碎石、砂浆嵌塞密实，使整条瓦棱通顺平直，保持同一坡度，并用纸筋灰镶满抹平；不论底瓦或盖瓦，每张瓦搭接不少于瓦长的2/3。

5）铺完一段，用2m长靠尺板拍直，随铺随拍，使整棱瓦从屋脊到檐口保持前后整齐顺直。檐口瓦棱分档标准做好后，自下而上，从左到右，一棱一棱地铺设，也可以左右同时进行。为使屋架受力均匀，两坡屋面应同时进行。

6）小青瓦屋面的斜沟与平瓦屋面的斜沟做法基本相同。在斜沟处斜铺宽度不小于500mm的白铁或油毡，并铺成两边高中间低的洼沟槽，然后在白铁或防水卷材两边，铺盖小瓦（底瓦和盖瓦），搭盖100～500mm，瓦的下面用混合砂浆填实压光，以防漏水。

7）屋面铺盖完后，应对屋面全面进行清扫，做到瓦棱整齐，瓦片无翘角破损和张口现象。

8）小青瓦屋面铺筑的安全要求和注意事项与坡屋面挂铺平瓦相同。

课题十二

下水道、化粪池及窨井的砌筑

第一节　下水道、化粪池及窨井砌筑的基本知识

一、地下排水管道系统的组成

在城市规划及人们的日常生活中，除了大量天然雨水要排除外，还有各种生产、生活污水需要排除。排水管道系统就是把这些废水排除出去的通道。我们通常见到的地下管道排水系统一般分为污水排放系统和雨水排放系统。它们均由具有一定坡度的管道和检查井（即窨井）连接而成，而污水排放系统往往还要连接化粪池。地下排水管道系统由管道、窨井和化粪池等几部分组成。

二、地下排水管道

地下排水管道由主管道和次管道组成，也称干管和支管。干管是一个区域内各路支管的污水汇集到它的管路内的管道，它再与城市大干管相通，达到排除区域内污水的目的，管径一般为 300 ~ 500mm，材料为水泥管；其次还有支管，支管是建筑物室内污水和屋面雨水排出的管道，它通过窨井与主管道连接排水，支管管径较小，一般为 100 ~

200mm，材料有缸瓦管和水泥管两类，现在主要使用的是水泥管。

三、窨井及其构造

（1）窨井　窨井是城市给排水系统中用于管道连接、转换方向的过渡用构筑物，平时还要通过它对管道进行检查和疏通。窨井有上水管道窨井和下水管道窨井；上水管道窨井多为阀门井和水表井，为便于观察，一般埋置不深，约在1m左右。下水管道窨井有生活污水窨井和生产废水窨井之分，一般埋置深度为1.5～2.0m，有的深达3.0～4.0m。

（2）窨井的构造　窨井由井底座、井壁、井圈和井盖构成。形状有方形与圆形两种。一般多用圆窨井，在管径大、支管多时则用方窨井。窨井通常由人工砌筑，窨井的构造如图12-1所示。

四、化粪池及其构造

（1）化粪池　化粪池是目前住宅及公共建筑中生活污水的沉淀粉化和污水中转的设施，当城市有集中污水处理系统时，一般可不设置。化粪池由底板、隔板、顶板和墙壁组成，其所用的板为钢筋混凝土材料，池壁多为砖砌。化粪池的埋置深度一般均大于3m，且要在冻土层以下，化粪池的大小由设计人员根据所需容量确定，一般都有标准图集，根据容量大小编号，选用时对号选用。

（2）化粪池的构造　化粪池一般也是由人工砌筑，其构造如图12-2所示。

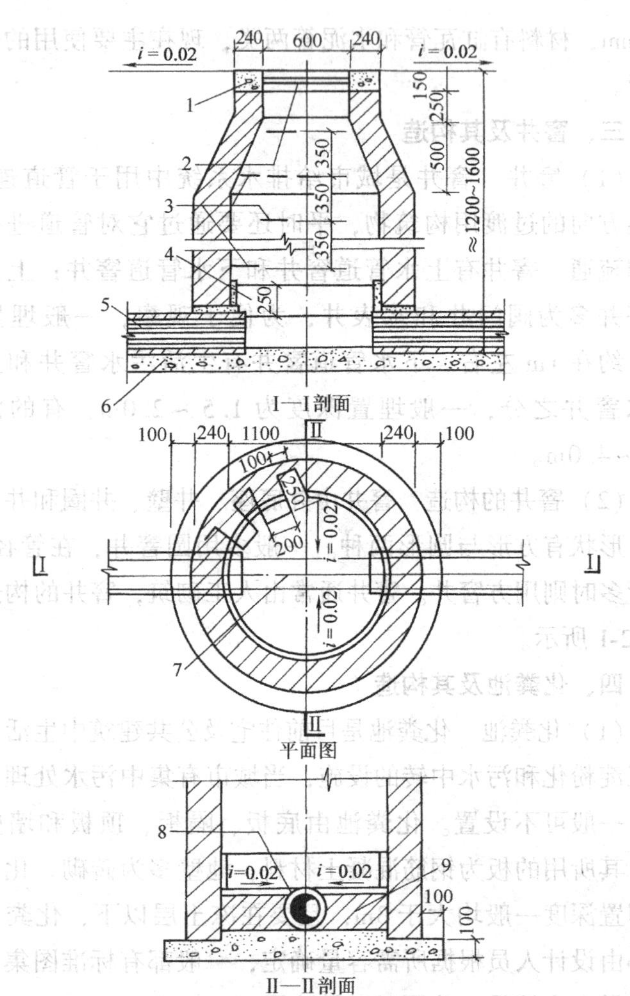

图 12-1 窨井的构造

1—C10 素混凝土井圈 2—铸铁井盖 3—铁爬梯 4—高防水砂浆一圈 5—下水管纵剖面 6—C10 混凝土井垫层 7—半圆形凹槽贯通两管 8—下水管横断面 9—砖砌体

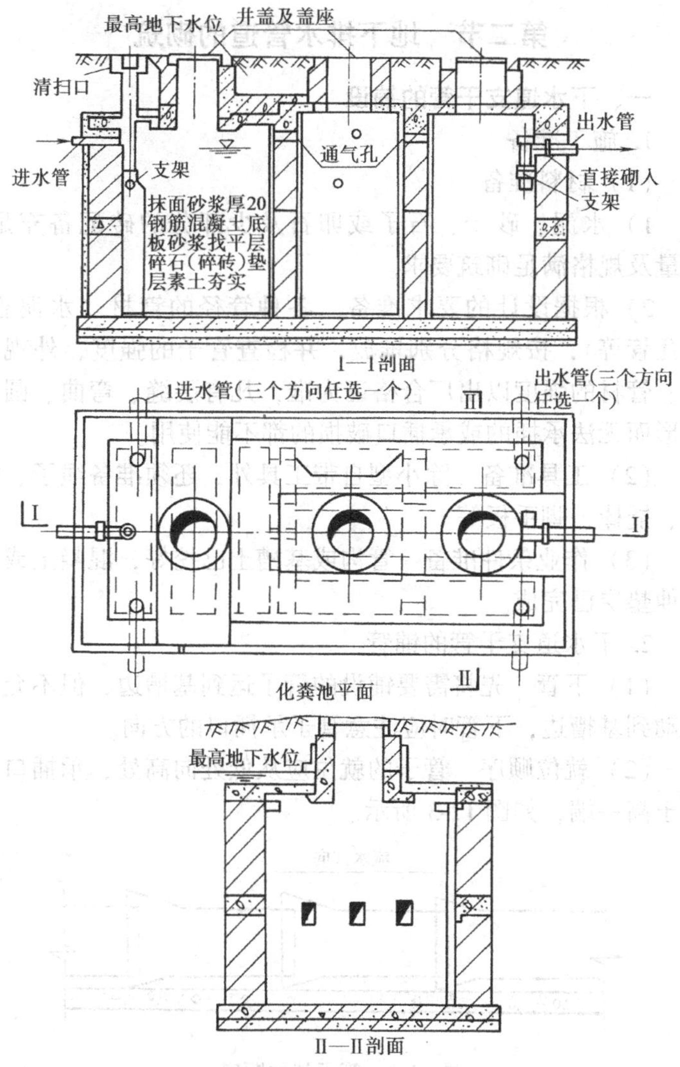

图12-2　化粪池的构造

最高地下水位
井盖及盖座
清扫口
出水管
进水管
通气孔
支架
直接砌入
支架
抹面砂浆厚20
钢筋混凝土底
板砂浆找平层
碎石(碎砖)垫
层素土夯实
1—1剖面
1进水管(三个方向任选一个)
出水管(三个方向
任选一个)
II
I
I
II
化粪池平面
最高地下水位
II—II剖面

第二节　地下排水管道的砌筑

一、下水道支干管的铺设

1. 施工准备

(1) 材料准备

1) 水泥、砂子、石子或卵石及少部分的砖配备充足，质量及规格满足砌筑要求。

2) 根据设计的要求准备　各种管径的管材（水泥管、陶瓦管等)，按规格分别堆放，并检查管子的强度、外观质量。管材的强度以出厂合格证为准，凡有裂缝、弯曲、圆度变形而无法承插的或承插口破损的都不能使用。

(2) 工具准备　除小型自带工具外，还须准备绳子、杠子、撬棒、脚手板等。

(3) 作业条件准备　管沟或基槽土已挖好，混凝土或者其他垫层已完成。

2. 下水道支干管的铺管

(1) 下管　先将需要铺设的管子运到基槽边，但不允许滚动到基槽边，下管时应注意管子承插口的方向。

(2) 就位顺序　管子的就位应从低处向高处，承插口应处于高一端，如图 12-3 所示。

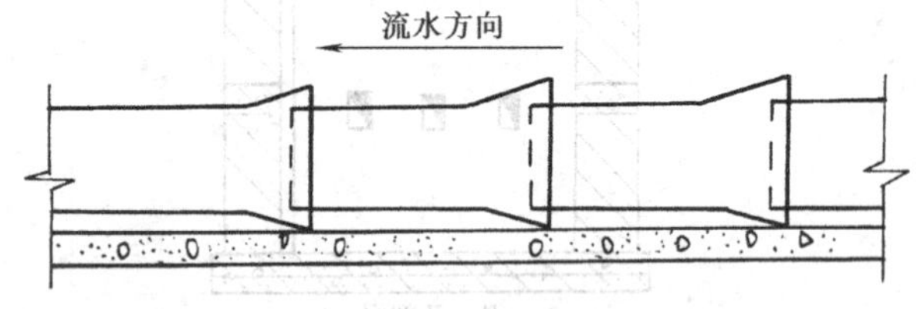

图 12-3　管子就位顺序

(3) 管子就位　当管子到位后，应根据垫层上面弹出的管线位置对中放线，两侧可用碎石或砖先垫牢卡住。第一节管子应伸入窨井位置内，其深入长度应根据井壁厚度确定，一般管口离井内壁约50mm，承插第二节管子时，应先在第一节管子的承插口下半圈内抹上一层砂浆，再插第二节管，使管口下部先有封口砂浆，以便于下一步封口操作。每节管都依此方法进行，直至该段管子铺筑完成。

从第二窨井起，每个窨井先摆上出水管，但此管暂时不窝砂浆，先做临时固定，待井壁砌到进水管底标高时，再铺进水管。穿越窨井壁的进、出水管周围要用1:3水泥砂浆窝牢，嵌塞严密，并将井内、外壁与管子周围用同样砂浆抹密实。

当井壁砌过进、出水管面后，井内管子两旁要用砖头砌成半圆筒形，并用1:2.5水泥砂浆抹成泛水，抹好后的形状如对剖开的管子（俗称流槽），使水流集中，增加冲力。如果管子在窨井处直交或斜交，抹好后形状应如剖开的弯头，但弯头的外向应高于内向，以缓冲水的离心力，有利排水。

3. 封口、窝管

（1）封口　用1:2水泥砂浆将承插口内一圈全部填嵌密实，再在承插口处抹成环箍状。常温时应用湿草袋洒水养护，冬季应作保温养护。

（2）窝管　为了保证管道的稳固，在完成封口后，在管子两侧用混凝土填实做成斜角（叫作窝管）。窝管的形状如图12-4所示。

拍填混凝土时，注意不要损伤管子的接口处，并应避免敲击管子，窝管完毕与封口一样养护。

二、下水管道闭水试验方法

下水道砌筑在封口窝管完毕，并经过一段时间的养护

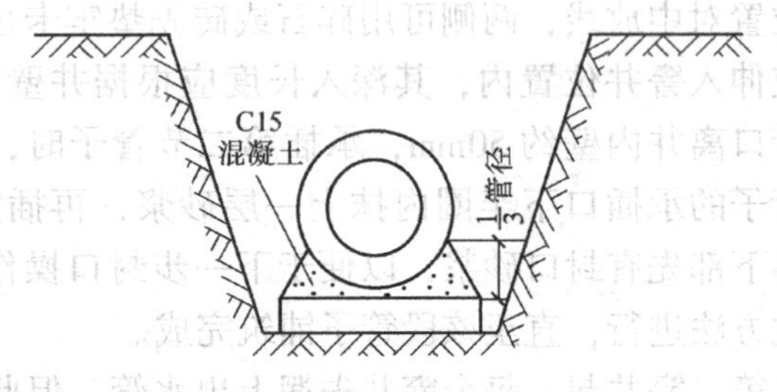

图 12-4 窝管形状

后，为了检查其是否符合质量要求，必须进行闭水试验；下水道因接头多，通常分段进行试验，试验方法有如下几种：

1. 分段满灌法

将与试验段相邻的窨井下流的管口封闭（用砖和黏土砂浆密封和用木板衬垫橡胶圈顶紧密封），然后在两窨井之间灌水，水要高出管面（特别是进水管面），接着进行逐根检查，观察时在井壁上做好水位记录，测定一昼夜水位降低量推算出渗透量，凡符合标准的认为合格；如有渗水现象，说明接头不严实，应及时修补。1000m 长管道在一昼夜渗水允许量见表 12-1。

表 12-1 1000m 长管道在一昼夜渗水允许量

管 材	管径/mm								
	小于 150	200	250	300	350	400	450	500	600
	渗水量/m^3								
钢筋混凝土 混凝土 水泥管	7	20	24	28	30	32	34	36	40
缸瓦管	7	12	15	18	20	21	22	26	28

2. 送烟检查法

将试验段管子一端封闭，在另一端把点燃的杂草或稻草塞入管中，用打气筒或者鼓风机送风，若发现某节管有冒烟现象，说明接头处不够严密，会渗水，应修补到不冒烟为止。

以上是下水道工程常用的试验方法，其他还有充气吹泡法、定压观察法等，可根据施工的具体情况进行选用。

管道经闭水试验修补完成后应立即进行回填土。在回填土时应注意，不能填入带有碎砖、石块的黏土，以免砸坏管子。回填时应在管子两侧同时进行，并用木锤捣实，但用力要均匀，以防管子移动，回填土应比原地面高出 50 ~ 100mm，利于回填土下沉固结，不致形成管槽积水。

三、下水道砌筑的质量标准

1. 下水道砌筑质量的保证项目

1）要做闭水试验，闭水试验必须合格。

2）管道坡度必须符合设计要求和施工规范规定。

3）管道严禁铺设在冻土和松土上。

4）所用的管材、填塞材料必须符合质量标准。

2. 下水道砌筑质量的基本项目

1）接口填嵌密实，灰口平整、光滑、养护良好。

2）管道基础、垫层构造正确，无蜂窝麻面。

3）接口的环箍抹灰平整密实、无裂断，宽度基本一致。

3. 允许偏差项目

管道允许偏差和检验方法见表12-2。

四、下水道铺设应预控的质量问题

（1）管道渗漏　造成渗漏的原因有几方面，如基础发生不均匀沉降，基槽内积水，造成基土破坏基础下沉；管子接口处填嵌不密实，接口处渗漏；管子检查不细，裂缝、砂眼未发现而用在工程上等。

表12-2 管道允许偏差和检验方法

项次	项目		允许偏差	检验方法
1	坐标	埋地 铺设在沟槽内	50mm 20mm	拉线、尺量、直尺
2	标高	埋地 铺设在沟槽内	±10mm	水准仪、水平尺、尺量
3	水平管道纵横方向弯曲	每米 全长	2mm 不大于50mm	直尺、拉线、尺量

预控的方法：施工时基槽内积水要排清，被水泡过的泥土要挖去，再用碎石或碎砖夯填结实，使基土坚实再做垫层。做管子接口时，承插口下半圈的座浆要先垫好，做到接口四周的砂浆都严密，才能防止在接口处渗漏，如发现已砌好的管道有裂缝又无法拆除时，可以在管的周围支模板，用细石混凝土将管子全部包裹起来，并养护好，达到堵住渗漏的目的。回填土时，要注意不要砸坏管子，如果这些措施都能做到，则渗漏是可以防止的。

(2) 管道堵塞　堵塞的原因主要是在操作过程中不注意保护成品所造成的，如砂浆、碎砖块、泥土等进入管子引起堵塞。

预控的方法：在操作过程中要做到完工后及时清理，尤其窨井处的管道口最容易堵进砂浆、碎砖；窨井做好后要及时盖好井盖，防止回填土时泥土进入井内堵管。闭水试验后要及时拆除临时封闭物，如果已经发生堵塞，则要用人工疏通；可用毛竹片或钢筋牵引球加高压水疏通，将杂物集中至窨井内再挖出清除，清理时，上流井处的管口和下流井处管口可临时封堵一下，待清理后再拆除。

第三节　窨井的砌筑

一、窨井砌筑的施工准备

1. 材料准备

1）普通黏土砖、水泥、砂子、石子等准备充足；砌筑砂浆随用随拌。

2）其他材料，如井内的爬梯、铁脚、井座（铸铁、混凝土）、井盖等，均应准备好。

2. 技术准备

1）定好井坑的中心线，复测窨井的直径尺寸和井底标高，了解井盖的大小。

2）检查已浇灌好混凝土的井底板和已接到井位处的管道。

3）除一般常用的砌筑工具外，还要准备2m钢卷尺和铁水平尺等。

二、窨井井壁的砌筑

1）砂浆应采用水泥砂浆，强度等级按设计要求确定，稠度控制在80～100mm，冬期施工时砂浆使用时间不超过2h，每个台班或者每座窨井应留设一组砂浆试块。

2）井壁一般为一砖厚（或由设计确定），方井砌筑采用一顺一丁组砌法；圆井采用全丁组砌法，一般采用外圆放宽竖缝，内圆缩小竖缝的办法形成圆弧。井壁应同时砌筑，不得留槎。灰缝必须饱满，不得有空头缝。

3）井壁一般都要收分。砌筑时应先计算上口与底板直径之差，求出收分尺寸，确定在哪一层收分，然后逐皮砌筑收分到顶，一般每批砖向内收进尺寸不大于30mm，并留出井座及井盖的高度。收分时一定要水平，要用水平尺经常校对，同时用卷尺检查各方向的尺寸，以免砌成椭圆井或斜井。

4）管子应先排放到井的内壁里面，不得先留洞后塞管子，要特别注意管子的下半部，一定要砌筑密实，防止渗漏。

5）从井壁底往上每5皮砖应放置一个铁爬梯脚蹬，梯蹬一定要安装牢固，并事先涂好防锈漆，如图12-5所示。

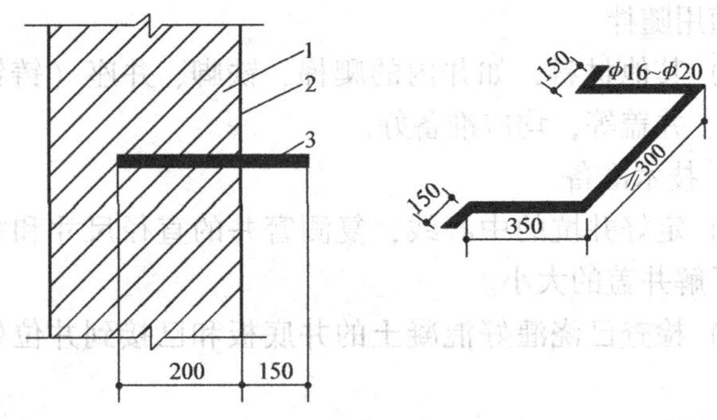

图12-5　铁爬梯蹬

1—砌体　2—井内壁　3—脚蹬

三、窨井井壁抹灰

在砌筑质量检查合格后，即可进行井壁内外抹灰，以达到防渗要求。

1）砂浆采用1:2水泥砂浆（或按设计要求的配合比配制），必要时可掺入水泥含量3%~5%的防水粉。

2）壁内抹灰采用底、中、面三层抹灰法。底层灰厚度为5~10mm，中层灰厚度为5mm，面层灰厚度为5mm，总厚度为15~20mm，每层灰都应用木抹子压光，外壁抹灰一般采用防水砂浆五层操作法。

四、井座与井盖的安装

井座与井盖可用铸铁或钢筋混凝土制成。在井座安装前，测好标高水平，再在井口先做一层100～150mm厚的混凝土封口，封口凝固后再在其上铺水泥砂浆，将铸铁井座安装好。经检查合格，在井座四周抹1:2水泥砂浆泛水，盖好井盖。在水泥砂浆达到一定强度后，经闭水试验合格，即可回填土。

五、窨井砌筑的质量要求

1. 窨井砌筑质量的保证项目

1）所使用的砖、水泥、砂子等材料必须合格。

2）砂浆、混凝土砌块的强度合格。

3）砌体必须密实，水平及竖向灰缝的砂浆饱满度大于80%。

4）井壁无接槎。

2. 窨井砌筑质量的基本项目

1）砌体上下错缝，无通缝。

2）预埋件留设准确、牢固。

3）窨井表面抹灰无裂缝和空鼓，表面光滑。

3. 窨井砌筑的允许偏差项目

窨井砌筑的允许偏差项目见表12-3。

表12-3　窨井砌筑的允许偏差项目

项次	项　　目	允许偏差/mm	检验方法
1	轴线位置偏移	10	用经纬仪或拉线尺量检查
2	顶面标高	±15	用水准仪和尺量检查

第四节　化粪池的砌筑

一、化粪池砌筑的施工准备

1. 材料准备

1）普通砖、水泥、中砂、碎石或卵石应准备充足；砖应提前1d浇水湿润。

2）其他如钢筋、预制隔板、检查井盖等，要求均已备好料。

2. 技术准备

1）测定基坑定位桩和定位轴线，在已确定的水准标高上做好标志。

2）检查已浇好的混凝土基坑底板，并进行化粪池壁位置的弹线。

3）根据设计的图样制作并立好皮数杆。

二、化粪池的池壁砌筑

1）砌筑砂浆应采用水泥砂浆，按设计要求的强度等级和配合比拌制。

2）一砖厚的墙可以用梅花丁或一顺一丁砌法；一砖半或二砖墙采用一顺一丁砌法。

3）砌筑时应先在四角盘角，随砌随检查垂直度，中间墙体拉准线控制平整度；内隔墙应跟外墙同时砌筑，不得留槎。

4）砌筑时的关键是正确留置预留洞。要注意皮数杆上预留洞的位置，准确地砌筑好孔洞，确保化粪池使用功能。

5）凡设计中要求安装预制隔板的，砌筑时应在墙上留出安装隔板的槽口，隔板插入槽内后，应用1∶3水泥砂浆将隔板槽缝填嵌牢固，如图12-6所示。

三、化粪池抹灰及其他

1）化粪池墙体砌完后，即可进行墙身内外抹灰。内墙采用三层抹灰，外墙采用五层抹灰，具体做法同窨井。采用现浇盖板时，在拆模之后应进入池内检查并作修补。

2）抹灰完毕，可在池内支撑现浇顶板模板，绑扎钢筋，

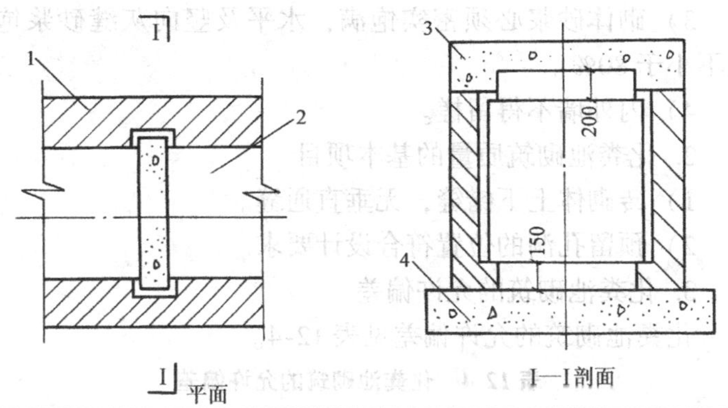

图 12-6　化粪池隔板安装

1—砖砌体　2—混凝土隔板　3—混凝土顶板　4—混凝土底板

经隐蔽验收后即可浇灌混凝土。顶板为预制盖板时，应用机具将盖板（板上留有检查井孔洞）根据方位在化粪池的墙上垫上砂浆，并吊装就位。

3）化粪池顶板上一般有检查井孔和出渣井孔，井孔要由井身砌到地面，井身的砌筑和抹灰操作同窨井。

4）化粪池本身除了污水进出的管口外，其他部位均须封闭墙体，在回填土之前，应进行抗渗试验。试验方法是将化粪池进出口管临时堵住，在池内注满水，并观察有无渗漏，经检验合格后，即可进行回填土。回填土时顶板及砂浆强度均应达到设计强度，以防墙体被挤压变形及顶板压裂，填土时要求每层夯实，每层可虚铺300～400mm。

四、化粪池砌筑质量标准

1. 化粪池砌筑质量的保证项目

1）各种材料必须符合设计要求，材质必须符合材料标准，并有质量保证书。

2）砂浆和混凝土试块符合强度检验要求。

3）砌体砂浆必须密实饱满，水平及竖向灰缝砂浆饱满度不小于80%。

4）内外墙不得留槎。

2. 化粪池砌筑质量的基本项目

1）砖砌体上下错缝，无垂直通缝。

2）预留孔洞的位置符合设计要求。

3. 化粪池砌筑的允许偏差

化粪池砌筑的允许偏差见表12-4。

表12-4　化粪池砌筑的允许偏差

项次	项　　目	允许偏差/mm	检 验 方 法
1	轴线位置偏移	10	用经纬仪或拉线尺量检查
2	砌体顶面标高	±15	用水准仪及尺量检查
3	垂直度	5	用2m托线板检查
4	平整度	8	用2m托线板加塞尺检查
5	水平灰缝厚度（10皮砖）	±8	用尺量检查

第五节　下水道、化粪池及窨井砌筑的技能训练

技能训练17　铺砌下水道的干管

1. 训练内容

铺砌下水道的干管，使用水泥管，管径400mm，一端与窨井连接。

2. 基本训练项目

（1）施工准备

1）材料准备：根据训练要求准备管径为400mm的水泥管，检查管子的强度、外观质量。管材的强度以出厂合格证为准，凡有裂缝、弯曲、圆度变形而无法承插或承插口破损

的都不能使用。管道封口用的水泥砂浆，根据需要拌制。

2）工具准备：瓦刀、大铲、灰板、灰桶、尖锹、绳子、杠子、撬棒、脚手板等及质量检测工具钢卷尺、水平尺、墨斗等。

3）技术准备：管沟或坑槽已经挖好，垫层已完成。在垫层上弹出管道的中心控制线。

（2）下水道干管的铺管

1）下管：先将需要铺设的管子用运输工具运到基槽边，但不允许滚动到基槽边，下管时应注意管子承插口的方向。

2）管子就位：管子就位应从低处向高处，承插口应处于高一端。当管子到位后，应根据垫层上面弹出的管线位置对中放线，两侧可用碎砖先垫牢卡住。第一节管子应伸入窨井位置内，其长度根据井壁厚度确定，一般管口离井内壁约50mm；承插第二节管子时，应先在第一节管子的承插口下半圈内抹上一层砂浆，再插第二节管，使管口下部先有封口砂浆，以便于下一步封口操作。每节管都依此方法进行，直至该段管子铺设完成。

3）封口：用1∶2水泥砂浆将承插口内一圈全部填嵌密实，再在承插口处抹成环箍状。常温时应用湿草袋洒水养护，冬季应作保温养护。

4）窝管：为了保证管道的稳固，在完成封口后，在管子两侧用混凝土填实做成斜角。

5）利用分段满灌法进行下水道的闭水试验，凡符合标准的为合格；如有渗水现象，说明接头不严实，应及时修补。

3. 训练注意事项

1）支干管道坡度必须符合设计要求和施工规范规定，

防止水流不畅或者管道积水。

2）管材和封管用的砂浆必须符合规范标准和设计要求。

3）接口填嵌应该密实，灰口平整、光滑，砂浆应按要求进行养护。

4）接口的环箍抹灰平整密实、无裂断，宽度基本一致。

5）在操作过程中，对窨井处管道口的砂浆、碎砖要做到及时清理，防止堵塞。

技能训练18　窨井的砌筑

1. 训练内容

砌筑下水管道生活污水圆窨井，井口内径为600mm，井底内径为1000mm；埋置深度为1.6m。

2. 基本训练项目

(1) 砌筑准备

1）材料准备：普通砖、水泥、砂子、石子及井内的爬梯、铁脚、铸铁井座、井盖等，均应准备好。砂浆应采用水泥砂浆，稠度控制在80～100mm。

2）工具准备：瓦刀、大铲、灰板、灰桶及质量检测工具钢卷尺、水平尺、墨斗、托线板、线锤、铁水平尺、皮数杆等。

3）技术准备：定好井坑的中心线，复测直径尺寸和井底标高，了解井盖的大小。检查已浇灌好混凝土的井底板和已接到井位处的管道。

(2) 窨井井壁的砌筑

1）采用一砖厚井壁；圆井采用全丁组砌法。计算上口与底板直径之差为400mm，求出收分尺寸为500mm（8皮砖），从井底板起700mm处开始收分，然后按每皮收25mm

逐皮砌筑收分到顶，留出井座及井盖的高度。

2）砌筑时应先把管子排放到井的内壁里面，不得先留洞后塞管子，要特别注意管子的下半部，一定要砌筑密实，防止渗漏。

3）在砌筑过程中应注意从井壁底往上每5皮砖放置一个铁爬梯脚蹬，梯蹬一定要安装牢固，并事先涂好防锈漆。

4）井壁抹灰：检查砌筑质量合格后，用1∶2的水泥砂浆进行井壁内外抹灰，以达到防渗要求。壁内抹灰采用底、中、面三层抹灰法。底层灰厚度为5～10mm，中层灰为5mm，面层灰为5mm，总厚度为15～20mm，每层灰都应用木抹子压光，外壁抹灰一般采用防水砂浆五层操作法。

5）井座与井盖的安装：采用铸铁井座、井盖。在井座安装前，测好标高水平，再在井口先做一层100～150mm厚的混凝土封口，封口混凝土凝固后再在其上铺水泥砂浆，将铸铁井座安装好。

6）经检查合格，在井座四周抹1∶2水泥砂浆泛水，盖好井盖。在水泥砂浆达到一定强度后，经闭水试验合格，即可回填土。

3. 训练注意事项

1）砌筑窨井的砂浆、砖的强度必须满足设计要求，每个台班或者每座窨井应留设1组砂浆试块。

2）砌体必须密实，水平及竖向灰缝的砂浆饱满度必须大于80%。

3）窨井壁应同时砌筑，不得留槎。砌体要上下错缝，不得有通缝；预埋件留设应准确、牢固，窨井表面抹灰要求无裂缝、空鼓，并表面光滑。

4）砌筑窨井壁收分时一定要水平，要用水平尺经常校对，同时用卷尺检查各方向的尺寸，以免砌成椭圆井或斜井。

技能训练19　按设计要求砌筑化粪池

1. 技能训练内容

砌筑化粪池（尺寸规格可按标准图集选择）。

2. 技能训练的基本项目

（1）砌筑准备

1）材料准备：普通砖，砌筑用水泥砂浆按设计要求的强度等级和配合比拌制；砖应提前1d浇水湿润，其他如钢筋、预制隔板、检查井盖等，要求均已备好料。

2）工具准备：瓦刀、大铲、灰板、灰桶及质量检测工具钢卷尺、水平尺、墨斗、托线板、线锤、铁水平尺、皮数杆等。

3）技术准备：测定基坑定位桩和定位轴线，在已确定的水准标高上作好标志。检查已浇好混凝土的基坑底板，并进行化粪池壁位置的弹线。制作皮数杆并按要求立好。

（2）化粪池的砌筑

1）砌筑采用一砖墙，一顺一丁砌法。

2）砌筑时先在四角进行盘角，随砌随检查垂直度，中间墙体拉准线控制平整度；内隔墙应跟外墙同时砌筑，不得留槎。

3）砌筑时要注意皮数杆上顶留洞的位置，确保孔洞位置的准确。

4）按设计要求，砌筑时在墙上留出安装隔板的槽口，隔板插入槽内后，用1:3水泥砂浆将隔板槽缝填嵌牢固。

5）化粪池墙体砌完后，即可进行墙身内外抹灰。内墙采用三层抹灰，外墙采用五层抹灰，具体做法同窨井。采用现浇盖板时，在拆模之后应进入池内检查并作修补。

6）抹灰完毕可在池内支撑现浇顶板模板，绑扎钢筋，经隐蔽验收后即可浇灌混凝土。顶板为预制盖板时，用机具将盖板根据方位在墙上垫上砂浆后吊装就位。

7）化粪池顶板上一般有检查井孔和出渣井孔，井孔要由井身砌到地面。井身的砌筑和抹灰操作同窨井。

8）化粪池本身除了污水进出的管口外，其他部位均须封闭墙体，在回填土之前，应进行抗渗试验。试验方法是将化粪池进出口管临时堵住，在池内注满水，并观察有无渗漏，经检验合格符合标准后，即可回填土。回填土时顶板及砂浆强度均应达到设计强度，以防墙体被挤压变形及顶板压裂，填土时要求每层夯实，每层可虚铺 300～400mm。

3. 技能训练注意事项

1）砌筑化粪池的砂浆、砖的强度必须满足设计要求，每个台班或者每座化粪池应留置 1 组砂浆试块。

2）砌体必须密实，水平及竖向灰缝的砂浆饱满度必须大于 80%。

3）化粪池的墙壁应同时砌筑，不得留槎。砌体要上下错缝，不得有通缝；预埋件留设应准确、牢固。

4）化粪池的表面抹灰要求无裂缝、空鼓，并表面光滑。

参考文献

[1] 建设部人事教育司．砌筑工［M］．北京：中国建筑工业出版社，2002.

[2] 侯君伟．瓦工手册［M］．北京：中国建筑工业出版社，1998.

[3] 秦成利，徐姝，孙迟．袖珍砌筑工手册［M］．北京：中国机械工业出版社，2003.

[4] 建筑施工类丛书编委会．看图学砌体施工技术［M］．北京：中国机械工业出版社，2003.

[5] 付新建，朱维益．砌筑工［M］．北京：中国环境科学出版社，2003.

[6] 中华人民共和国建设部职业技能岗位鉴定指导委员会．职业技能标准、职业技能岗位鉴定规范、职业技能鉴定习题集：瓦工［M］．北京：中国建筑工业出版社，1998.

[7] 建筑工人职业技能培训丛书编委会．瓦工基本技术［M］．北京：中国金盾出版社，2001.

[8] 孙沛平．砖瓦工［M］．北京：中国建筑工业出版社，1997.

[9] 建筑施工手册编写组．建筑施工手册［M］．北京：中国建筑工业出版社，1999.

[10] 建设行业职业技能培训教材编委会．砌筑工［M］．北京：中国计划出版社，2007.